Madeleines
et
Financiers

[이 책의 사용 방법]

● 이 책에서 사용하는 재료와 도구는 P.8~11에 나와 있습니다.

● 이 책에서는 전기 컨벡션 오븐을 사용했습니다. 오븐 사양에 따라 온도와 시간이 다를 수
   있으니 상태를 보아가며 구워야 합니다. 가스 컨벡션 오븐의 경우, 더욱 각별한 주의가
   필요합니다.

● 전자레인지는 500W 제품을 프라이팬은 불소수지 가공 코팅 제품을 사용했습니다.

● 1T는 15㎖, 1t는 5㎖입니다.

[일러두기]

이 책에 사용된 몇 가지의 단어들은 독자들의 빠른 이해를 돕기 위해
흔히 사용하는 용어로 표기하였습니다.
바른 표기는 다음과 같습니다.

• 짤주머니 – 짜는 주머니
• 꼬집 – 자밤
• 그래뉴당 – 그래뉼러당(granulated sugar)
• 커민 – 쿠민(Cumin)

Madeleines
et
Financiers

제우미디어

파리의
마들렌과
피낭시에

마들렌과 피낭시에는 모두 프랑스 전통 과자예요.
어떤 제과점에나 올망졸망 놓여 있지요.
자그맣고 소박하게 구워낸 달콤한 과자랍니다.
맛있는 음식은 언제 먹어도 맛있는 법이지만,
시대에 따라 그 모습을 천천히 바꾸어 나가고 있습니다.

요즘 파리에서는 크림이나 가나슈를 넣은 마들렌이 인기랍니다!
유명 제과점에서는 스페셜 메뉴로 인기몰이를 하고 있어요.
특별한 마들렌에 대한 소문을 듣고 몰려든 사람들로 늘 북적거리지요.
폭신폭신한 마들렌 반죽에
부드러운 크림과 가나슈가 어우러져,
한입 베어 물면 입안 가득 감미로운 행복이 퍼지는 고급스러운 디저트로 변신했어요.

피낭시에는 케이크와 비슷한 모양의 '피낭시에 데세르'로
변신해서 인기를 얻고 있답니다.
크림과 과일로 먹음직스럽게 장식해서
접시에 담으면 눈과 입이 모두 즐거워지는 디저트지요!

프랑스에는 저녁을 먹기 전에 가볍게 술로 입맛을 돋우는
'아페리티프(Aperitif)'라는 식전주 문화가 있습니다.
본격적으로 식사를 하기 전에 가볍게 입을 축이는 술을 마시지요.
이때 곁들이는 짭짤한 마들렌과 피낭시에도 많은 사랑을 받고 있답니다.
한입에 넣기 딱 좋은 크기에
반죽에 넣는 재료에 따라 다채로운 맛을 보여주기 때문이지요.

전통 과자가 사라지지 않고 현재까지도 사랑받으며
참신한 아이디어로 재탄생한다는 것은
무척이나 멋진 일입니다.
달콤하고 행복한 디저트의 역사를 생각하며
마들렌과 피낭시에의 새로운 매력을 마음껏 맛보아 주시기 바랍니다.

Contents

Madeleines

Financiers

기본 재료

마들렌과 피낭시에를 만들 때 공통적으로 필요한 재료를 소개합니다.
단순한 과자일수록 재료의 질이 완성도를 결정하기에, 가급적 최상의 재료를 선택하는 것이 좋아요.

1. 박력분

홋카이도산 '돌체'라는 박력분을 사용했어요. 가루의 풍미가
진하고 완성 후의 쫀득한 식감이 특징입니다. 단백질 함유량이
높아 중력분에 가깝습니다. 제과용 박력분인 '슈퍼 바이올렛' 등도
사용 가능합니다.*

2. 아몬드파우더

아몬드를 곱게 빻아 가루로 만든 상품입니다. 껍질이 있는
제품과 없는 제품이 있는데, 이 책에서는 주로 껍질이 있는
제품을 사용합니다. 아몬드 풍미를 좀 더 강하게 내고 싶을 때는
껍질이 있는 제품을 사용하면 효과적이지만, 껍질이 없는 제품을
사용해도 괜찮습니다. 사용하기 전에 손으로 부드럽게 비벼주면
풍미가 깊어집니다.

3. 버터

무염 발효버터를 사용합니다. 마들렌, 피낭시에, 파운드케이크 등, 버터 풍미가 완성도에 큰 영향을 미치는 과자는 발효버터를 사용하면 훨씬 맛있어집니다. 발효버터를 구할 수 없다면 일반 무염버터로 대체 가능하지만 풍미가 떨어질 수 있습니다.

4. 그래뉴당

입자가 매우 고와 제과용으로 추천합니다. 이 책에서는 백설탕과 슈거파우더를 사용하는 레시피도 있습니다.

5. 달걀

중란(노른자 20g+흰자30g)을 사용했어요. 가급적 신선한 달걀을 사용합니다.**

6. 소금

프랑스산 게랑드 천일염 중 가는 소금을 사용했어요.

7. 베이킹파우더

럼포드의 알루미늄 무첨가 제품을 사용했어요. 특히 아이들에게 먹일 경우, 황산알루미늄칼륨(=명반)이 들어있지 않은 제품을 추천합니다.

8. 벌꿀

주로 프랑스산 아피디스의 'fleure printaniere'를 사용합니다. 향기가 풍성하고 감미로운 벌꿀입니다. 아카시아나 레몬 꿀도 추천합니다.

9. 바닐라 익스트랙

바닐라빈을 알코올에 담가 향기를 우려낸 제품입니다. 바닐라 에센스는 가열하면 향이 날아가므로 오븐에 굽는 과자에는 바닐라 익스트랙이 적합합니다.

---

* 대형마트 등에서 판매하는 국산 밀가루 기준으로는 단백질 조성과 회분을 고려해 CJ 박력분을 사용하는 것이 가장 무난하다. 우리밀을 사용하고 싶다면 진주 앉은뱅이밀이 성분 조성이 비슷하다.

** 우리나라 달걀의 중량 규격은 왕란, 특란, 대란, 중란, 소란으로 나눈다. 왕란은 68g 이상, 특란은 60g이상 68g미만, 대란은 52g이상 60g미만, 중란은 44g이상 52g미만, 소란은 44g미만이다. 달걀 중량에 따라 규격이 달라진다. 달걀 규격은 노른자와 흰자 비율을 가리키는데, 알이 커질수록 노른자 크기도 커진다. 달걀 규격 관련 자세한 정보는 축산물유통종합정보센터(www.ekapepia.com) 홈페이지를 참조하면 된다.

기본 도구

일반적인 제과 도구로도 충분하지만 마들렌에는 일회용 짤주머니가 필요해요.
크림을 넣는 마들렌의 경우에는 슈크림용 금속 깍지를 사용합니다.

1. 마들렌 틀

아사이쇼텐(浅井商店)의 오리지널 틀을 사용했어요. 표면에
실리콘 가공 처리가 되어 있어, 녹인 버터를 얇게 펴 바르기만
하면 됩니다. 실리콘 가공 처리가 되어 있지 않은 틀을 사용하는
경우에는 버터를 바른 다음, 박력분을 뿌리고 틀을 거꾸로 들어
여분의 가루를 털어내어 냉장실에서 식힌 후에 사용합니다. 한
판에 마들렌 6개를 구울 수 있는 틀로 1개의 크기는 세로 76×가로
49×깊이 16mm입니다.

2. 피낭시에 틀

마찬가지로 아사이쇼텐의 오리지널 틀을 사용했어요. 표면에
실리콘 가공 처리가 되어 있어 녹인 버터를 바르기만 하면 틀에서
꺼내기 쉽습니다. 실리콘 가공 처리가 되어 있지 않은 틀을
사용하는 경우, 버터를 바른 다음, 박력분을 뿌리고 틀을 거꾸로
들어 여분의 가루를 털어낸 후, 냉장실에서 식혀서 사용합니다.
한 판에 피낭시에 6개를 구울 수 있는 틀로 1개의 크기는 세로
85×가로 42×깊이 11mm입니다.

3. 짤주머니

제과용 일회용 짤주머니를 사용합니다. 마들렌 반죽을 틀에
넣을 때나, 마들렌에 크림 등을 주입할 때 사용합니다. 크림 등을
넣을 때는 짤주머니 앞쪽의 1㎝ 가량을 잘라냅니다ⓐ. 짤주머니
안쪽으로 슈크림용 깍지를 끼우고ⓑ, 깍지 바로 윗부분의
짤주머니를 살짝 비틀어ⓒ, 깍지 안으로 밀어 넣습니다ⓓ.
반죽이나 크림을 짤주머니 안에 넣을 때는 깍지가 아래로 가게
컵 안에 세워 넣고, 짤주머니 윗부분을 바깥쪽으로 접은 상태로
넣으면 편리합니다ⓔ. 꿀처럼 점도가 높은 재료를 주입할 때는
주사기(바늘 없이)를 사용합니다ⓕ.

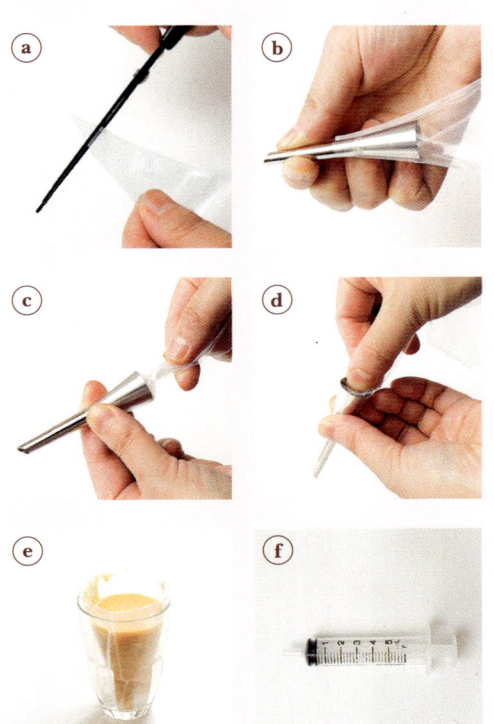

4. 거품기

반죽을 섞는 작업은 주로 거품기를 사용합니다. 특별히 정해진
제품은 없지만, 와이어의 수가 적고 힘이 있는 재질의 제품이
좋습니다.

5. 실리콘 주걱

이 책에서는 거품기를 보조하는 역할로 사용했어요. 크기가 작아도
괜찮습니다. 가급적이면 내열성이 있는 실리콘 재질의 제품을
사용합니다.

6. 체

가루를 곱게 내릴 때 사용합니다. 마무리로 슈거파우더 등의 가루
재료를 뿌릴 때는 일반적인 체보다 조금 더 고운 체를 사용합니다.

7. 볼

크기별로 3~4개 정도면 충분합니다. 중탕을 해야 하는 경우도
있으므로 내열성이 있는 재질의 제품이 좋습니다.

8. 솔

녹인 버터를 틀에 바르거나, 피낭시에에 액체를 바를 때
사용합니다. 세척하기 편한 재질의 제품을 사용해요.

Madeleines

마들렌

마들렌 하면 조가비를 닮은
앙증맞은 모양이 제일 먼저 떠올라요.
성지 순례를 떠나는 나그네들이 새참으로
가지고 다녔는데, 순례자들이 목에 걸고 다녔던
가리비 모양의 장신구에서 유래했다는 설이 있답니다.
배합은 밀가루·버터·설탕·달걀을 동량으로 섞은
'quatre-quarts' 배합에 가까워 안정감이 있어요.
폭신폭신한 식감으로 완성해요.

기본 마들렌

Madeleines traditionnelles

바닐라 풍미가 인상적인 기본 마들렌입니다. **1**에서 **6**까지 멈추지 말고 한 번에 작업해야 해요.
반죽을 잠시 휴지시켜야 굽고 난 후에도 폭신폭신한 식감을 유지할 수 있어요.

재료(7~8개 분량)

무염 발효버터 55g
그래뉴당 45g

A

박력분 40g
아몬드파우더 10g
베이킹파우더 2g(약 1/2t)

B

달걀 50g(1알)
꿀 8g
바닐라 익스트랙 1/6t **ⓐ**
소금 약간 **ⓑ**

레몬즙 1/2t
레몬 껍질 간 것 작은 레몬 1개 분량
녹인 버터 적당량

ⓐ 1t 계량스푼에
담았을 때 이 정도 양

ⓑ 티스푼에 담았을 때
극소량

➜ 반드시 재료를 계량한 다음 만들기 시작한다 **ⓒ**.

둔덕 모양으로 부푸는 게 핵심이에요.
부풀지 않을 경우 원인은 크게 두 가지입니다.
만드는 법 **2~4**에서 지나치게 많이 섞었거나,
오븐 화력이 부족하기 때문입니다.
마들렌 개수를 줄이거나 틀에 넣기 전 5분가량
오븐을 예열하세요.

단면을 가르면 기포가 적당하게 들어
있으면서 볼록하게 잘 부풀어 있는
모습을 볼 수 있어요.

미리 준비하기

• 달걀, 꿀, 레몬즙은 상온(약 25℃)에 꺼내둔다.
  ➜ 재료가 잘 섞일 수 있도록 온도를 맞춘다.

• 발효버터를 적당한 크기로 잘라 볼에 넣고 중탕해서 제과용
  실리콘 주걱 등으로 저어가며 녹인다 **ⓓ**. 버터가 녹으면
  중탕하던 그릇에서 꺼내 40℃ 정도로 식힌다.
  ➜ 프라이팬에 물을 끓이고 버터를 담은 볼을 위에 걸쳐 중탕한다. 버터가
    지나치게 뜨거우면 반죽에 넣었을 때 달걀이 익어버릴 수 있으므로 식히는
    과정이 필요하다.

• **A**는 일회용 위생봉지에 담고 흔들어서 골고루 섞어준다 **ⓔ**.
  ➜ 반죽을 흔들면 반죽 입자가 고와지고, 공기가 들어가 각각의 재료가 잘
    섞인다.

• **B**는 달걀흰자를 거품기로 가르듯 잘 섞어준다 **ⓕ**.
  ➜ 흰자가 보이지 않을 때까지 섞는다. 거품이 날 때까지 휘젓지 않도록
    주의한다.

• 반죽을 굽기 전에, 오븐에 팬을 넣고 230℃로 예열해 둔다.
  ➜ 오븐 팬은 하단에 넣어 둔다.

만드는 법

1 그래뉴당을 담은 볼에 **A**를 체로 쳐서 합치고 , 거품기로 섞는다 .
➔ 그래뉴당이 뭉치지 않고 골고루 섞이면 OK.

2 손가락으로 한가운데에 구멍을 파고 ⓒ, 구멍에 **B**를 살살 흘려 넣는다 ⓓ. 거품기로 볼 중심에서부터 40회가량 빙글빙글 휘저어서 가루가 보이지 않을 때까지 살살 섞어준다 ⓔ ⓕ ⓖ.
➔ 이때 치대듯 섞지 않도록 주의한다. 가루와 달걀이 서서히 합쳐지도록 부드럽게 섞어야 한다.

3 레몬즙과 레몬 껍질을 추가하고 ⓗ, 골고루 섞어준다.
➔ 레몬 껍질 향은 날아가기 쉬우므로, 사용하기 직전에 갈아 넣어야 한다. 이 단계에서도 지나치게 휘젓지 않도록
　주의한다. 전체적으로 섞이면 OK.

▶ 다음 페이지에 이어짐 ▶

4 녹인 발효버터를 세 번에 걸쳐 나누어 넣는다ⓘ. 버터를 넣을 때마다 20~40회 정도 살살 저어서
골고루 섞는다ⓙ. 반죽을 떨어뜨렸을 때 쌓였다가 바로 사라지는 정도가 되면 OKⓚ.

> 첫 번째와 두 번째로 버터를 넣을 때는 20~30회, 마지막으로 넣을 때는 섞는 횟수를 살짝 늘려준다. 반죽을 지나치게
> 많이 섞으면 끈기가 생겨, 완성했을 때 가벼운 식감을 낼 수 없다. 반대로 덜 섞으면 반죽이 힘없이 늘어져 입 안에서
> 사르르 녹는 느낌을 낼 수 없다.

5 실리콘 주걱으로 골고루 섞어준다ⓛ.

> 고체 재료가 들어가는 레시피의 경우에는 이 단계에서 넣어준다. 볼 옆면에 붙은 반죽도 깔끔하게 긁어 모아서
> 정확한 분량을 맞춘다.

6 5까지 완료한 반죽을 짤주머니에 담고ⓜ, 짤주머니 입구를 막은 다음ⓝ, 냉장실에서 3시간 정도
휴지시킨다.

> 반죽을 잠시 휴지시키면 박력분의 글루텐 성분이 약화하고 베이킹 파우더의 작용이 활발해져서 폭신폭신한 반죽이
> 완성된다. 다만 반나절 이상 휴지시키면 베이킹파우더의 작용이 약해지기 시작하므로 3시간 정도에서 중단해야 한다.

7 녹인 버터를 솔에 묻혀 틀에 얇게 바른다 ⓞ. 짤주머니 앞을 1*cm*가량 잘라내고 ⓟ,
반죽을 틀의 80%까지만 채운다 ⓠ. 틀을 바닥에 가볍게 내리쳐서 반죽을 평평하게 만들고 ⓡ,
냉장실에서 10분가량 휴지시킨다.
➡ 이 단계에서 사용하는 녹인 버터는 무염버터를 전자레인지에 몇 초가량 돌려 녹여서 사용해도 OK.
➡ 반죽을 짤 때는 틀 안에서부터 몸 쪽을 향해 짜낸다.

8 예열한 오븐 팬 위에 신속하게 마들렌 팬을 올리고, 3분 정도 굽는다. 190℃에서 4~5분,
마지막에 170℃에서 3분가량 구워낸다. 부풀어 오른 부분을 만져봤을 때 반죽이 묻어나지 않고
탄력이 있으면 완성 ⓢ. 틀을 바닥에 가볍게 친 다음 ⓣ, 그대로 여열을 식힌다.
이쑤시개 등으로 끄집어내 오븐 시트를 깐 도마 등에 옆으로 세워서 식힌다 ⓤ.
➡ 오븐을 여닫을 때는 뜸 들이지 말고 신속하게 진행한다. 시간이 걸리면 오븐 내 온도가 내려가기 때문이다.
➡ 170℃로 내리는 기준은 한가운데가 봉긋하게 부풀어 오르고 나서다.
➡ 오븐 내 온도가 일정하지 않을 수 있으므로 온도를 170℃로 내릴 때 오븐 팬 방향을 돌려주면 좋다.
　 오븐 팬 방향을 바꿀 때도 신속하게 진행한다.

Note

- 시간이 없을 때는 **6**에서 반죽을 휴지시키는 과정을 생략하고 그대로 틀에 부어, **7**의 휴지 시간을 15분으로 늘려준다. 예열 230℃→230℃에서 3분가량→190℃에서 3~4분→170℃에서 3분가량 굽는다. 이렇게 하면 조금 더 가벼운 질감으로 구울 수 있어, 크림 등을 넣은 마들렌에 특히 적합하다.
- 지나치게 짙은 갈색이 돌 때까지 굽지 않도록 주의한다. 쿠킹호일을 씌우면 색이 지나치게 짙어지는 것을 방지할 수 있다.
- 굽고 나서 2시간까지가 가장 맛있다.
- 어중간하게 남은 반죽은 미니 마들렌 틀에 구워도 깜찍하다 ⓥ.
- 보관할 경우에는 지퍼백 등에 키친타월을 접어 넣고, 키친타월 사이에 마들렌을 집어넣은 다음 밀봉해서 상온에서 보관한다. 이틀 이상 보관할 때는 완전히 식힌 마들렌을 한 개씩 봉투에 넣어 밀봉하고, 냉동시킨다. 먹을 때는 냉장실에서 천천히 해동시켜 오븐토스터로 표면을 가볍게 구워 먹으면 맛있다.

풍미 더하기

초콜릿과 캐러멜을 반죽에 넣어 풍미를 더하면,
같은 마들렌이라고는 생각할 수 없을 정도로
다채로운 맛이 난답니다.
넣는 재료에 따라 색도 달라지기 때문에
완성한 마들렌들을 가지런하게 늘어놓기만 해도
알록달록 사랑스러운 분위기를 연출할 수 있어요.

**초콜릿
마들렌**

**캐러멜
마들렌**

말차
마들렌

얼그레이
마들렌

19

초콜릿 마들렌

Madeleines au chocolat

재료(7~8개 분량)

무염 발효버터 55g
백설탕 40g

A
  박력분 20g
  코코아파우더 ⓐ 18g
  아몬드파우더 15g
  ＼ 베이킹파우더 2g(약 1/2t)

B
  달걀 50g(중 1알)
  꿀 10g
  ＼ 바닐라 익스트랙 1/6t

레몬즙 1/2t
녹인 버터 적당량

ⓐ

미리 준비하기

• 달걀, 꿀, 레몬즙은 상온(약 25℃)에 꺼내둔다.
• 발효버터를 적당한 크기로 잘라 볼에 넣고 중탕해서 실리콘 주걱 등으로 저어가며 녹인다. 버터가 녹으면 중탕하던 그릇에서 꺼내 40℃ 정도로 식힌다.
• **A**는 일회용 위생봉지에 담고 흔들어서 골고루 섞어준다.
• **B**는 달걀흰자를 거품기로 가르듯 잘 섞어준다.
• 반죽을 굽기 전에, 오븐에 팬을 넣고 230℃로 예열해 둔다.

만드는 법

1 볼에 백설탕을 담고 **A**를 체로 쳐서 더한 다음, 거품기로 골고루 섞는다.

2 손가락으로 가루 한가운데에 구멍을 파고, 구멍에 **B**를 살살 흘려 넣는다. 거품기로 볼 중심에서부터 40회가량 빙글빙글 휘저어서 가루가 보이지 않을 때까지 살살 섞어준다.

3 레몬즙을 넣고 섞는다.

4 녹인 발효버터를 세 번에 걸쳐 나누어 넣는다. 버터를 넣을 때마다 20~40회 정도 살살 저어서 골고루 섞는다

5 실리콘 주걱으로 골고루 섞는다.

6 **5**까지 완료한 반죽을 짤주머니에 담고 입구를 막은 다음, 냉장실에서 3시간 정도 휴지시킨다.

7 녹인 버터를 솔에 묻혀 틀에 얇게 바른다. 짤주머니 앞을 1*cm*가량 잘라내고, 반죽을 틀의 80%까지만 채운다. 틀을 바닥에 가볍게 내리쳐서 반죽을 평평하게 만들고, 냉장실에서 10분가량 휴지시킨다.

8 예열한 오븐 팬 위에 신속하게 마들렌 팬을 올리고, 3분 정도 굽는다. 190℃에서 4~5분, 마지막에 170℃에서 2~3분가량 구워낸다. 부풀어 오른 부분을 만져봤을 때 반죽이 묻어나지 않고 탄력이 있으면 완성. 틀을 가볍게 친 다음, 그대로 여열을 식힌다. 이쑤시개 등으로 끄집어내 오븐 시트를 깐 도마 등에 옆으로 세워서 식힌다.

Note

• 촉촉한 마들렌을 굽고 싶다면 백설탕을 사용. 그래뉴당을 사용해도 무방하다.
• 코코아파우더는 '반호텐(Van Houten Cocoa)' 제품을 사용. 코코아파우더가 들어가면 반죽이 쳐지기 쉬우므로 지나치게 오래 굽지 않도록 주의해야 한다.

캐러멜 마들렌

Madeleines au caramel

재료(7~8개 분량)

캐러멜
- 무염버터 40g
- 그래뉴당 40g
- 꿀 5g
- 레몬즙 1/2t
- 생크림(유지방 함량 35%) 50㎖

그래뉴당 15g

A
- 박력분 42g
- 아몬드파우더 10g
- 베이킹파우더 2g(약 1/2t)

B
- 달걀 50g(중 1알)
- 소금 1/5t

녹인 버터 적당량

미리 준비하기

- P.20 '**초콜릿 마들렌**'과 동일하게 준비하되 꿀과 리몬즙을 미리 꺼내둘 필요가 없다.
- 생크림은 중탕해 사람 피부 온도(약 35℃) 정도로 따뜻하게 데운다.
- 프라이팬에 들어갈 정도로 큼직한 볼에 찬물을 채워 둔다.

만드는 법

1 캐러멜을 만든다. 프라이팬에 생크림을 제외한 나머지 재료를 모조리 넣고 중불로 가열하며, 실리콘 주걱으로 저어가며 잘 섞어준다ⓐ. 짙은 갈색이 돌면 불에서 내리고, 찬물이 담긴 볼에 프라이팬 바닥을 걸쳐 식힌다ⓑ.

2 생크림을 조금씩 넣으며 거품기로 살살 섞는다ⓒ. 재료가 전체적으로 어우러지고 끈기가 생기면 OKⓓ. 그대로 40℃가량으로 식힌다. 캐러멜 완성.

3 **2**에서 만든 캐러멜 절반을 **B**에 넣고 어우러질 때까지 잘 섞어준다.

4 P.20 '**초콜릿 마들렌**'의 1~8과 동일한 과정으로 만든다. 다만 1에서 백설탕 대신 그래뉴당을 사용한다. 3에서는 레몬즙을 생략한다. 4에서는 녹인 발효버터 대신 남은 캐러멜을 두 번에 걸쳐 나누어 넣는다.

Note

- 캐러멜 특유의 달콤한 풍미를 한껏 끌어냈다.
- 캐러멜에 버터, 그래뉴당, 꿀을 사용하기 때문에, 반죽에는 녹인 버터와 꿀을 넣지 않고, 그래뉴당의 양도 줄일 수 있다.

ⓐ ⓑ ⓒ ⓓ

말차 마들렌

Madeleines au thé vert matcha

재료(7~8개 분량)

무염 발효버터 55g

슈거파우더 42g

A

   박력분 40g

   말차파우더 ⓐ 4g

   전분* 5g

   베이킹파우더 2g(약 1/2t)

B

   달걀 50g(중 1알)

   조청(물엿) 15g

   미지근한 물 2t

녹인 버터 적당량

ⓐ

미리 준비하기

• P.20 '**초콜릿 마들렌**'과 동일. 다만 레몬즙은 사용하지 않으니 주의한다.

만드는 법

1   볼에 슈거파우더를 넣고 **A**를 체로 쳐가며 더한 다음, 거품기로 골고루 섞는다.

2   P.20 '**초콜릿 마들렌**'의 2~8과 같은 순서와 방법으로 만든다. 레몬즙은 넣지 않도록 주의한다.

Note

• 말차는 잇포도(一保堂)의 '하쓰네(初音)' 제품을 사용했다. 달짝지근한 향기와 적당한 떫은맛이 있어 추천한다.

• 말차의 풍미를 살리기 위해 슈거파우더를 사용했지만 그래뉴당을 사용해도 괜찮다.

• 굽고 나서 한 시간 후부터 다음 날까지가 제일 맛있다.

---

* 제과제빵을 할 때 별도의 표기가 없으면 기본적으로 옥수수전분을 사용한다.

얼그레이 마들렌

Madeleines au thé Earl Grey

재료(7~8개 분량)

무염 발효버터 55g

슈거파우더 40g

A

> 박력분 40g
>
> 아몬드파우더 12g
>
> 베이킹파우더 2g(약 1/2t)

B

> 달걀 50g(중 1알)
>
> 꿀 5g
>
> 바닐라 익스트랙 1/6t

레몬즙 1t

홍차 찻잎(얼그레이) ⓐ 2g

녹인 버터 적당량

ⓐ

미리 준비하기

- P.20 '**초콜릿 마들렌**'과 동일하게 준비한다.
- 홍차 찻잎은 랩에 싸서 ⓑ 밀대로 밀어 ⓒ와 같은 상태로 만든다.

만드는 법

1 P.20 '**초콜릿 마들렌**'의 1~8과 같은 방법으로 만든다. 다만 1에서 백설탕 대신 슈거파우더를 사용한다. 3에서 레몬즙과 함께 홍차 찻잎을 넣는다.

ⓑ ⓒ

> **Note**
>
> - 홍차는 쿠스미티(KUSMI TEA)의 얼그레이를 사용하면 품격 있는 상쾌한 향이 풍미를 깊게 해준다.
> - P.22 '**말차 마들렌**'과 동일하게 슈거파우더를 사용. 슈거파우더가 없으면 그래뉴당으로 대체할 수 있다.

진저 마들렌

Madeleines façon pain d'épices

진저 마들렌

재료(7~8개 분량)

무염 발효버터 60g
그래뉴당 40g

A
 통밀가루 40g
 아몬드파우더 12g
 시나몬파우더 ⓐ1 2/3t
 올스파이스 ⓐ2 1/2t
 베이킹파우더 2g(약 1/2t)

B
 달걀 50g(중 1알)
 꿀 20g
 곱게 다진 생강 1/2t
 소금 약간
 통후춧가루 ⓐ3 약간

레몬즙 1t
녹인 버터 적당량   ⓐ

미리 준비하기

• 달걀, 꿀, 레몬즙은 상온(약 25℃)에 미리 꺼내둔다.

• 큼직한 볼에 찬물을 담아 둔다.

• **A**는 일회용 위생봉지에 담고 흔들어서 골고루 섞어준다.

• **B**는 달걀흰자를 거품기로 가르듯 잘 섞어준다.

• 반죽을 굽기 전에, 오븐에 팬을 넣고 230℃로 예열해 둔다.

만드는 법

1 태운 버터를 만든다. 발효버터를 적당한 크기로 잘라 작은 냄비에 넣고, 실리콘 주걱으로 천천히 휘저으며 약불에서 가열한다 ⓑ. 버터가 녹고 거품이 자잘하게 줄어들며 짙은 갈색이 돌기 시작하면 불에서 내리고 ⓒ, 찬물이 담긴 볼에 냄비 바닥을 걸쳐 식힌다 ⓓ. 고운체에 살살 내려 45g가량을 계량해 두고 ⓔ, 그 상태 그대로 40℃ 정도까지 식힌다.

2 볼에 그래뉴당을 담고 **A**를 체로 쳐가며 더한 다음, 거품기로 골고루 섞는다.

3 손가락으로 가루 한가운데에 구멍을 파고 그 구멍에 **B**를 살살 흘려 넣는다. 거품기로 가루를 볼 중심에 끌어당긴다는 느낌으로 40회가량 빙글빙글 휘젓는다. 가루가 보이지 않을 때까지 살살 섞어준다.

4 레몬즙을 넣고 골고루 섞는다.

5 태운 버터를 세 번에 걸쳐 나누어 넣는다. 버터를 넣을 때마다 20~40회 정도 살살 저어서 골고루 섞는다. 반죽을 떨어뜨렸을 때 쌓였다가 바로 사라지는 정도가 되면 OK.

6 실리콘 주걱으로 골고루 섞는다.

7 **6**까지 완료한 반죽을 짤주머니에 담고 입구를 막은 다음, 냉장실에서 3시간 가량 휴지시킨다.

8 녹인 버터를 솔에 묻혀 틀에 얇게 바른다. 짤주머니 앞을 1cm가량 잘라내고, 반죽을 틀의 80%까지만 채운다. 틀을 바닥에 가볍게 내리쳐서 반죽을 평평하게 만들고, 냉장실에서 10분가량 휴지시킨다.

9 예열한 오븐 팬에 신속하게 틀을 올리고, 3분 정도 굽는다. 다시 190℃에서 4~5분, 마지막으로 170℃에서 2~3분가량 구워낸다. 부풀어 오른 부분을 만져봤을 때 반죽이 묻어나지 않고 탄력이 있으면 완성. 틀을 가볍게 친 다음, 그대로 여열을 식힌다. 이쑤시개 등으로 끄집어내 오븐 시트를 간 도마 등에 옆으로 세워서 식힌다.

ⓑ   ⓒ

ⓓ   ⓔ

Note

• 향신료를 사용한 마들렌이다. 알싸한 향신료 냄새가 코끝을 간질이는 어른스러운 맛은 홍차는 물론, 와인과도 찰떡궁합을 이룬다.

• 통밀가루를 사용해 훨씬 깊은 풍미를 낸다. 통밀가루가 없다면 박력분으로도 대체 가능하다. 풍미를 끌어내기 위해 태운 버터로 만든다. 꿀은 '마운틴 허니'처럼 풍미가 진한 종류를 추천한다.

• 올스파이스(All Spice)는 '시나몬, 클러우브, 넛멕'이라는 세 종류의 향신료를 합친 재료이다.

과일 곁들이기

입으로 즐기는 맛은 물론,
눈으로 즐기는 모양까지
훨씬 화려해진답니다.
제철과일을 활용해 일 년 내내
계절감이 느껴지는 마들렌을
즐겨보아요.

**장미 & 라즈베리
마들렌**

장미 & 라즈베리 마들렌

Madeleines à la rose et framboises

재료(7~8개 분량)

무염 발효버터 55g
그래뉴당 48g

A
　박력분 45g
　아몬드파우더 15g
　베이킹파우더 2g(약 1/2t)

B
　달걀 50g(중 1알)
　꿀 10g
　바닐라 익스트랙 1/6t

레몬즙 1/2t
라즈베리(냉동) 25g
장미 꽃잎(허브티용)  2t
녹인 버터 적당량

아이싱
　슈거파우더 30g
　레몬즙 1/2t
　물 1/2t

Note

- 화려하면서 낭만적인 마들렌입니다. 선물용으로 안성맞춤!
- 아이싱이 마르고 한 시간 후에서 다음 날까지가 제일 맛있다.
- 휴지 시간이 길어지면 라즈베리에서 수분이 배어나와 반죽이 질어지므로 휴지 시간을 딱 맞추는 것이 좋다. 또 반죽이 되직한 편이라, 짤주머니에 넣지 않고 직접 틀에 붓는다.
- 반죽을 틀에 부을 때는 라즈베리가 틀에 닿지 않도록 조심한다. 틀에 닿은 라즈베리는 굽고 나면 틀에 달라붙어 떨어지지 않는다.
- 고체 재료를 섞을 때는 거품기 대신 실리콘 주걱을 사용하면 편리하다.
- 꿀은 고급스러운 풍미가 느껴지는 천연 아카시아꿀을 추천한다.
- 장미 꽃잎은 '로즈 레드'라는 허브티 제품을 사용했다.

미리 준비하기

- 라즈베리는 손으로 한 알씩 떼어내어 키친타월을 깐 쟁반에 올려, 냉장실에서 1시간 이상 해동한다.
- 달걀, 꿀, 레몬즙은 상온(약 25℃)에 미리 꺼내둔다.
- 발효버터를 적당한 크기로 잘라 볼에 넣고 중탕해서 실리콘 주걱 등으로 저어가며 녹인다. 버터가 녹으면 중탕하던 그릇에서 꺼내 40℃ 정도로 식힌다.
- 장미 꽃잎은 곱게 다진다.
- **A**는 일회용 위생봉지에 담고 흔들어서 골고루 섞어준다.
- **B**는 달걀흰자를 거품기로 가르듯 잘 섞어준다.
- 반죽을 굽기 전에, 오븐에 팬을 넣고 230℃로 예열해 둔다.

만드는 법

1　볼에 그래뉴당을 담고 **A**를 체로 쳐가며 더한 다음, 거품기로 골고루 섞는다.
2　손가락으로 가루 한가운데에 구멍을 파고 그 구멍에 **B**를 살살 흘려 넣는다. 거품기로 가루를 볼 중심에 끌어당긴다는 느낌으로 40회가량 빙글빙글 휘젓는다. 가루가 보이지 않을 때까지 살살 섞어준다.
3　레몬즙을 넣고 골고루 섞는다.
4　녹인 발효버터를 세 번에 걸쳐 나누어 넣는다. 버터를 넣을 때마다 20~40회 정도 살살 저어서 골고루 섞는다. 반죽을 떨어뜨렸을 때 쌓였다가 바로 사라지는 정도가 되면 OK.
5　라즈베리와 장미 꽃잎을 넣고 실리콘 주걱으로 골고루 섞는다.
6　녹인 버터를 솔에 묻혀 틀에 얇게 바른다. 반죽을 틀의 80%까지만 채운다. 틀을 바닥에 가볍게 내리쳐서 반죽을 평평하게 만들고, 냉장실에서 30분가량 휴지시킨다.
7　예열한 오븐 팬에 신속하게 틀을 올리고, 3분 정도 굽는다. 다시 190℃에서 3분 30초~4분, 마지막으로 170℃에서 4분가량 구워낸다. 부풀어 오른 부분을 만져봤을 때 반죽이 묻어나지 않고 탄력이 있으면 완성. 틀을 가볍게 친 다음, 그대로 여열을 식힌다. 이쑤시개 등으로 끄집어내 오븐 시트를 깐 도마 등에 옆으로 세워서 식힌다.
8　아이싱을 만든다. 슈거파우더에 레몬즙과 물을 조금씩 넣으며 스푼으로 끈기가 생길 때까지 섞는다. **7**의 마들렌에 고랑이 패인 부분에 바르고, 장미 꽃잎이 있으면 살짝(분량 외) 흩뿌린다.

오렌지 & 코코넛
마들렌

오렌지 & 코코넛 마들렌

Madeleines à l'orange et noix de coco

재료(7~8개 분량)

무염 발효버터 55g
그래뉴당 40g

A
　박력분 40g
　코코넛파우더 20g
　베이킹파우더 2g(약 1/2t)

B
　달걀 50g(중 1알)
　꿀 8g
　소금 약간

레몬 껍질 간 것 작은 레몬 1개 분량
레몬즙 1/2t
오렌지필 ⓐ 4조각
녹인 버터 적당량

Note

• 따뜻한 바람이 살랑살랑 불어오는 계절이면 생각나는 상큼한 향의 마들렌이다.
• 오렌지필 대신 레몬필을 넣어도 맛있다.

미리 준비하기

• 달걀, 꿀, 레몬즙은 상온(약 25℃)에 미리 꺼내둔다.

• 발효버터를 적당한 크기로 잘라 볼에 넣고 중탕해서 실리콘 주걱 등으로 저어가며 녹인다. 버터가 녹으면 중탕하던 그릇에서 꺼내 40℃ 정도로 식힌다.

• 오렌지필은 잘게 다진다.

• **A**는 일회용 위생봉지에 담고 흔들어서 골고루 섞어준다.

• **B**는 달걀흰자를 거품기로 가르듯 잘 섞어준다.

• 반죽을 굽기 전에, 오븐에 팬을 넣고 230℃로 예열해 둔다.

만드는 법

1. 볼에 그래뉴당을 담고 **A**를 체로 쳐가며 더한 다음, 거품기로 골고루 섞는다.

2. 손가락으로 가루 한가운데에 구멍을 파고 그 구멍에 **B**를 살살 흘려 넣는다. 거품기로 가루를 볼 중심에 끌어당긴다는 느낌으로 40회가량 빙글빙글 휘젓는다. 가루가 보이지 않을 때까지 살살 섞어준다.

3. 레몬즙과 레몬 껍질을 넣고, 골고루 섞는다.

4. 녹인 발효버터를 세 번에 걸쳐 나누어 넣는다. 버터를 넣을 때마다 20~40회 정도 살살 저어서 골고루 섞는다. 반죽을 떨어뜨렸을 때 쌓였다가 바로 사라지는 정도가 되면 OK.

5. 오렌지필을 넣고 실리콘 주걱으로 잘 섞는다.

6. 5까지 완료한 반죽을 짤주머니에 흘러넘치지 않도록 잘 담고 입구를 막아, 냉장실에서 3시간가량 휴지시킨다.

7. 녹인 버터를 솔에 묻혀 틀에 얇게 바른다. 짤주머니 앞을 1*cm*가량 잘라내고, 반죽을 틀의 80%까지만 채운다. 틀을 바닥에 가볍게 내리쳐서 반죽을 평평하게 만들고, 냉장실에서 10분가량 휴지시킨다.

8. 예열한 오븐 팬에 신속하게 틀을 올리고, 3분 정도 굽는다. 다시 190℃에서 4~5분, 마지막으로 170℃에서 2~3분가량 구워낸다. 부풀어 오른 부분을 만져봤을 때 반죽이 묻어나지 않고 탄력이 있으면 완성. 틀을 가볍게 친 다음, 그대로 여열을 식힌다. 이쑤시개 등으로 끄집어내 오븐 시트를 깐 도마 등에 옆으로 세워서 식힌다.

유자 마들렌

유자 마들렌

Madeleines au yuzu

재료(7~8개 분량)

무염 발효버터 55g
그래뉴당 40g

A
> 박력분 45g
> 아몬드파우더 10g
> 베이킹파우더 2g(약 1/2t)

B
> 달걀 50g(중 1알)
> 꿀 5g
> 소금 약간

유자즙 1과 1/2t
유자필 ⓐ 20g
녹인 버터 적당량

ⓐ

미리 준비하기

• 달걀, 꿀, 레몬즙은 상온(약 25℃)에 미리 꺼내둔다.

• 발효버터를 적당한 크기로 잘라 볼에 넣고 중탕해서 실리콘 주걱 등으로 저어가며 녹인다. 버터가 녹으면 중탕하던 그릇에서 꺼내 40℃ 정도로 식힌다.

• 유자필은 잘게 다진다.

• **A**는 일회용 위생봉지에 담고 흔들어서 골고루 섞어준다.

• **B**는 달걀흰자를 거품기로 가르듯 잘 섞어준다.

• 반죽을 굽기 전에, 오븐에 팬을 넣고 230℃로 예열해 둔다.

만드는 법

1 볼에 그래뉴당을 담고 **A**를 체로 쳐가며 더한 다음, 거품기로 골고루 섞는다.

2 손가락으로 가루 한가운데에 구멍을 파고 그 구멍에 **B**를 살살 흘려 넣는다. 거품기로 가루를 볼 중심에 끌어당긴다는 느낌으로 40회가량 빙글빙글 휘젓는다. 가루가 보이지 않을 때까지 살살 섞어준다.

3 유자즙을 넣고 골고루 섞는다.

4 녹인 발효버터를 세 번에 걸쳐 나누어 넣는다. 버터를 넣을 때마다 20~40회 정도 살살 저어서 골고루 섞는다. 반죽을 떨어뜨렸을 때 쌓였다가 바로 사라지는 정도가 되면 OK.

5 유자필을 넣고 실리콘 주걱으로 잘 섞은 다음, 랩을 반죽 표면에 딱 맞게 씌워 밀봉하고 냉장실에서 3시간가량 휴지시킨다.

6 **5**까지 완료한 반죽을 다시 한 번 잘 섞은 다음, 짤주머니에 흘러넘치지 않도록 살살 붓는다.

7 녹인 버터를 솔에 묻혀 틀에 얇게 바른다. 짤주머니 앞을 1㎝가량 잘라내고, 반죽을 틀의 80%까지만 채운다. 틀을 바닥에 가볍게 내리쳐서 반죽을 평평하게 만들고, 냉장실에서 10분가량 휴지시킨다.

8 예열한 오븐 팬에 신속하게 틀을 올리고, 3분 정도 굽는다. 다시 190℃에서 4~5분, 마지막으로 170℃에서 2~3분가량 구워낸다. 부풀어 오른 부분을 만져봤을 때 반죽이 묻어나지 않고 탄력이 있으면 완성. 틀을 가볍게 친 다음, 그대로 여열을 식힌다. 이쑤시개 등으로 끄집어내 오븐 시트를 깐 도마 등에 옆으로 세워서 식힌다.

Note

• 마들렌의 본고장 프랑스에서도 요리나 제과제빵에 유자를 사용하며 수입 양이 늘고 있다고 한다.

• 유자필은 가라앉기 쉬우므로 볼에서 휴지시키고, 짤주머니에 넣기 전에 한 번 더 골고루 섞어준다.

잼 추가하기

마들렌 반죽 안에 숨겨진
촉촉하고 달콤한 잼!
식감과 맛의 조화를
즐길 수 있어요.

밀크잼 마들렌

살구잼 마들렌

라즈베리잼
마들렌

MERCI !

밀크잼 마들렌

Madeleines fourrées à la confiture de lait

재료(7~8개 분량)

무염 발효버터 55g

그래뉴당 45g

A

┌ 박력분 40g

│ 아몬드파우더 10g

└ 베이킹파우더 2g(약 1/2t)

B

┌ 달걀 50g(중 1알)

│ 꿀 8g

│ 바닐라 익스트랙 1/6t

└ 소금 약간

레몬즙 1/2t

녹인 버터 적당량

밀크잼 80g

┌ 생크림(유지방 함량 35%) 200ml

│ 우유 130ml

└ 그래뉴당 65g

슈거파우더 적당량

미리 준비하기

• 달걀, 꿀, 레몬즙은 상온(약 25℃)에 미리 꺼내둔다.

• 발효버터를 적당한 크기로 잘라 볼에 넣고 중탕해서 제과용 실리콘 주걱 등으로
저어가며 녹인다. 버터가 녹으면 중탕하던 그릇에서 꺼내 40℃ 정도로 식힌다.

• **A**는 일회용 위생봉지에 담고 흔들어서 골고루 섞어준다.

• **B**는 골고루 섞어준다.

• 반죽을 굽기 전에, 오븐에 팬을 넣고 230℃로 예열해 둔다.

만드는 법

1 볼에 그래뉴당을 담고 **A**를 체로 쳐가며 더한 다음, 거품기로 골고루 섞는다.

2 손가락으로 가루 한가운데에 구멍을 파고 그 구멍에 **B**를 살살 흘려 넣는다. 거품기로
가루를 볼 중심에 끌어당긴다는 느낌으로 40회가량 빙글빙글 휘젓는다. 가루가 보이지
않을 때까지 살살 섞어준다.

3 레몬즙을 넣고 골고루 섞는다.

4 녹인 발효버터를 세 번에 걸쳐 나누어 넣는다. 버터를 넣을 때마다 20~40회 정도 살살
저어서 골고루 섞는다. 반죽을 떨어뜨렸을 때 쌓였다가 바로 사라지는 정도가 되면 OK.

5 실리콘 주걱으로 골고루 섞는다.

6 **5**까지 완료한 반죽을 짤주머니에 담고 흘러나오지 않도록 입구를 막은 다음,
냉장실에서 3시간가량 휴지시킨다.

7 밀크잼을 만든다. 냄비에 밀크잼 재료를 한꺼번에 넣고 실리콘 주걱으로 저어가며
중불에서 끓인다. 어느 정도 졸아들면 약불로 줄여 20~30분가량 바특하게 조린다 ⓐ.

8 냄비 바닥이 얼음물에 닿도록 손으로 들고, 다른 한 손으로 끈기가 있는 크림 상태가 될
때까지 섞는다 ⓑ. 밀크잼 완성.

9 녹인 버터를 솔에 묻혀 틀에 얇게 바른다. 짤주머니 앞을 1cm가량 잘라내고, **6**까지

ⓐ    ⓑ

완료한 반죽을 틀의 80%까지만 채운다. 틀을 바닥에 가볍게 내리쳐서 반죽을 평평하게 만들고, 냉장실에서 15분가량 휴지시킨다.

10 예열한 오븐 팬에 신속하게 틀을 올리고, 3분 정도 굽는다. 다시 190℃에서 4~5분, 마지막으로 170℃에서 2~3분가량 구워낸다. 부풀어 오른 부분을 만져봤을 때 반죽이 묻어나지 않고 탄력이 있으면 완성. 틀을 가볍게 친 다음, 그대로 여열을 식힌다. 이쑤시개 등으로 끄집어내 오븐 시트를 깐 도마 등에 옆으로 세워서 식힌다.

11 짤주머니에 슈크림용 깍지를 끼우고ⓒ, **8**에서 완성한 밀크잼을 넣는다ⓓⓔⓕ. 틀에서 마들렌을 이쑤시개 등으로 꺼내고 한 김 식혀, 온기가 아직 남아있는 동안 볼록한 부분에 깍지를 찔러 넣어 밀크잼을 약 10g씩 짜 넣는다ⓖ. 고운체를 이용해 슈거파우더를 솔솔 뿌린다.

살구잼 마들렌

Madeleines fourrées à la confiture de abricots

재료(7~8개 분량)

무염 발효버터 55g
그래뉴당 40g

A
　박력분 40g
　아몬드파우더 12g
　베이킹파우더 2g(약 1/2t)

B
　달걀 50g(중 1알)
　꿀 5g

레몬즙 1t
라벤더(허브티용) ⓐ 1t
녹인 버터 적당량
살구잼 ⓑ 40g

Note
- 잼은 남프랑스산 살구의 감칠맛이 응축된 'Sabaton'사의 제품을, 라벤더는 허브티용 제품을 사용했다.

미리 준비하기

- 달걀, 꿀, 레몬즙은 상온(약 25℃)에 미리 꺼내둔다.
- 발효버터를 적당한 크기로 잘라 볼에 넣고 중탕해서 제과용 실리콘 주걱 등으로 저어가며 녹인다. 버터가 녹으면 중탕하던 그릇에서 꺼내 40℃ 정도로 식힌다.
- 라벤더는 곱게 다진다.
- **A**는 일회용 위생봉지에 담고 흔들어서 골고루 섞어준다.
- **B**는 달걀흰자를 거품기로 가르듯 잘 섞어준다.
- 반죽을 굽기 전에, 오븐에 팬을 넣고 230℃로 예열해 둔다.

만드는 법

1　볼에 그래뉴당을 담고 **A**를 체로 쳐가며 더한 다음, 거품기로 골고루 섞는다.

2　손가락으로 가루 한가운데에 구멍을 파고 그 구멍에 **B**를 살살 흘려 넣는다. 거품기로 가루를 볼 중심에 끌어당긴다는 느낌으로 40회가량 빙글빙글 휘젓는다. 가루가 보이지 않을 때까지 살살 섞어준다.

3　레몬즙을 넣고 골고루 섞는다.

4　녹인 발효버터를 세 번에 걸쳐 나누어 넣는다. 버터를 넣을 때마다 20~40회 정도 살살 저어서 골고루 섞는다. 반죽을 떨어뜨렸을 때 쌓였다가 바로 사라지는 정도가 되면 OK.

5　라벤더를 넣고 실리콘 주걱으로 골고루 섞는다.

6　5까지 완료한 반죽을 짤주머니에 흘러넘치지 않도록 담고 입구로 새어나오지 않도록 잘 막은 다음, 냉장실에서 3시간가량 휴지시킨다.

7　녹인 버터를 솔에 묻혀 틀에 얇게 바른다. 짤주머니 앞을 1cm가량 잘라내고, 반죽을 틀의 80%까지만 채운다. 틀을 바닥에 가볍게 내리쳐서 반죽을 평평하게 만들고, 냉장실에서 15분가량 휴지시킨다.

8　예열한 오븐 팬에 신속하게 틀을 올리고, 3분 정도 굽는다. 다시 190℃에서 4~5분, 마지막으로 170℃에서 2~3분가량 구워낸다. 부풀어 오른 부분을 만져봤을 때 반죽이 묻어나지 않고 탄력이 있으면 완성. 틀을 가볍게 친 다음, 그대로 여열을 식힌다.

9　짤주머니에 슈크림용 깍지를 끼우고 살구잼을 넣는다. 틀에서 마들렌을 이쑤시개 등으로 꺼내고 한 김 식혀, 온기가 아직 남아있는 동안 볼록한 부분에 깍지를 찔러 넣어 살구잼을 약 5g씩 짜 넣는다. 라벤더 적당량(분량 외)을 살살 흩뿌려준다.

라즈베리잼 마들렌

Madeleines fourrées à la confiture de framboises

재료(7~8개 분량)

무염 발효버터 55g
그래뉴당 45g

A
　박력분 40g
　아몬드파우더 12g
　베이킹파우더 2g(약 1/2t)

B
　달걀 50g(중 1알)
　꿀 5g

레몬즙 1t
녹인 버터 적당량
라즈베리잼 ⓐ 40g
키르슈 1/2t
슈가파우더 적당량

ⓐ

미리 준비하기

• P.36의 '**살구잼 마들렌**'과 같은 방법으로 준비한다. 다만 라벤더는 사용하지 않으니 주의한다.

만드는 법

1 라벤더를 제외하고 P.36의 '**살구잼 마들렌**' 1~9와 동일한 방법으로 만든다. 9에서는 살구잼 대신 키르슈를 섞은 라즈베리잼을 사용한다. 마지막에 고운체를 이용해 슈거파우더를 솔솔 뿌려준다.

Note

• 잼에 넣는 키르슈와 마무리로 뿌리는 슈거파우더는 취향에 따라 사용한다. 없으면 생략해도 무방하다.

• 담백한 반죽에 새콤달콤한 라즈베리잼이 어우러져, 단순하면서도 질리지 않는 맛이다. 라즈베리잼은 샹달프 제품을 사용했다.

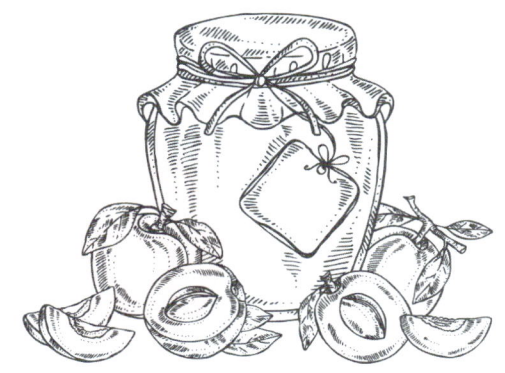

촉촉한 시럽 넣기

벌꿀과 캐러멜, 흑설탕 등 시럽을
모두 같은 방법으로 마들렌에 넣을 수 있어요.
달콤한 액체로 마들렌 속을 채우면
반죽에 촉촉하게 스며들어 맛과 식감을 더해요.

**벌꿀 바닐라
마들렌**

타임향 캐러멜
마들렌

흑설탕 말차
마들렌

벌꿀 바닐라 마들렌

Madeleines fourrées au miel

재료(7~8개 분량)

무염 발효버터 55g
그래뉴당 45g

A
- 박력분 40g
- 아몬드파우더 10g
- 베이킹파우더 2g(약 1/2t)

B
- 달걀 50g(중 1알)
- 꿀 8g
- 소금 약간

레몬즙 1/2t
바닐라 빈ⓐ 1/2개
녹인 버터 적당량
꿀ⓑ 30g

ⓐ

ⓑ

미리 준비하기

- 달걀, 꿀, 레몬즙은 상온(약 25℃)에 미리 꺼내둔다.

- 발효버터를 적당한 크기로 잘라 볼에 넣고 중탕해서 제과용 실리콘 주걱 등으로 저어가며 녹인다. 버터가 녹으면 중탕하던 그릇에서 꺼내 40℃ 정도로 식힌다.

- 칼로 바닐라 빈을 세로로 갈라ⓒ, 속에 든 알맹이만 도려낸다ⓓ.

- **A**는 일회용 위생봉지에 담고 흔들어서 골고루 섞어준다.

- **B**는 달걀흰자를 거품기로 가르듯 잘 섞어준다.

- 반죽을 굽기 전에, 오븐에 팬을 넣고 230℃로 예열해 둔다.

ⓒ    ⓓ

만드는 법

1 볼에 그래뉴당을 담고 **A**를 체로 쳐가며 더한 다음, 거품기로 골고루 섞는다.

2 손가락으로 가루 한가운데에 구멍을 파고 그 구멍에 **B**를 살살 흘려 넣는다. 거품기로 가루를 볼 중심에 끌어당긴다는 느낌으로 40회가량 빙글빙글 휘젓는다. 가루가 보이지 않을 때까지 살살 섞어준다.

3 레몬즙과 바닐라 빈을 넣고 골고루 섞는다.

4 녹인 발효버터를 세 번에 걸쳐 나누어 넣는다. 버터를 넣을 때마다 20~40회 정도 살살 저어서 골고루 섞는다. 반죽을 떨어뜨렸을 때 쌓였다가 바로 사라지는 정도가 되면 OK.

5 실리콘 주걱으로 골고루 섞어준다.

6 5까지 완료한 반죽을 짤주머니에 흘러넘치지 않도록 담고 입구로 새어나오지 않도록 잘 막은 다음, 냉장실에서 3시간가량 휴지시킨다.

7 녹인 버터를 솔에 묻혀 틀에 얇게 바른다. 짤주머니 앞을 1cm가량 잘라내고, 반죽을 틀의 80%까지만 채운다. 틀을 바닥에 가볍게 내리쳐서 반죽을 평평하게 만들고, 냉장실에서 15분가량 휴지시킨다.

8 예열한 오븐 팬에 신속하게 틀을 올리고, 3분 정도 굽는다. 다시 190℃에서 4~5분, 마지막으로 170℃에서 2~3분가량 구워낸다. 부풀어 오른 부분을 만져봤을 때 반죽이 묻어나지 않고 탄력이 있으면 완성. 틀을 가볍게 친 다음, 그대로 여열을 식힌다.

9 슈크림 깍지를 끼운 짤주머니(또는 바늘을 뺀 일회용 주사기)에 꿀을 넣는다. 틀에서 마들렌을 이쑤시개 등으로 꺼내고 한 김 식혀, 온기가 아직 남아있는 동안 볼록한 부분에 깍지(또는 주사기 꼭지)를 찔러 넣어 꿀을 3~4g씩 짜 넣는다 ⓔ.

ⓔ

Note

• 바닐라 향기가 감도는 반죽에 촉촉한 꿀이 스며들어 입안에서 황홀한 맛의 잔치를 벌인다.

• 꿀처럼 점도가 있는 재료를 마들렌에 넣을 때는, 깍지+짤주머니보다 주사기(바늘이 없는 일회용 제품)를 추천한다. 약국이나 제과제빵 재료 전문점, 다이소 등에서 판매한다. 속을 채운 다음부터 다음 날까지가 가장 맛있다.

• 꿀은 아피디스사의 아카시아 꿀을 추천한다. 부르고뉴 지방에서 채취한 꿀로 가볍고 섬세한 맛이 특징이다.

흑설탕 말차 마들렌

Madeleines fourrées au thé vert matcha

재료(7~8개 분량)

무염 발효버터 55g
그래뉴당 42g

A
- 박력분 40g
- 말차파우더 4g
- 전분 5g
- 베이킹파우더 2g(약 1/2t)

B
- 달걀 50g(중 1개)
- 조청(물엿) 15g
- 미지근한 물 2t

녹인 버터 적당량

흑설탕 시럽* 30g

미리 준비하기

- 달걀, 꿀, 레몬즙은 상온(약 25℃)에 미리 꺼내둔다.
- 발효버터를 적당한 크기로 잘라 볼에 넣고 중탕해서 실리콘 주걱 등으로 저어가며 녹인다. 버터가 녹으면 중탕하던 그릇에서 꺼내 40℃ 정도로 식힌다.
- **A**는 일회용 위생봉지에 담아 흔들어 가며 섞는다.
- **B**는 달걀흰자를 거품기로 가르듯 잘 섞어준다.
- 반죽을 굽기 전에, 오븐에 팬을 넣고 230℃로 예열해 둔다.

만드는 법

1. 볼에 슈거파우더를 담고 **A**를 체로 쳐가며 더한 다음, 거품기로 골고루 섞는다.

2. 손가락으로 찔러 가루 한가운데에 구멍을 파고 그 구멍에 **B**를 살살 흘려 넣는다. 거품기로 가루를 볼 중심에 끌어당긴다는 느낌으로 40회가량 빙글빙글 휘젓는다. 가루가 보이지 않을 때까지 살살 섞어준다.

3. 녹인 발효버터를 세 번에 걸쳐 나누어 넣는다. 버터를 넣을 때마다 20~40회 정도 살살 저어서 골고루 섞는다. 실리콘 주걱으로 반죽을 떨어뜨렸을 때 쌓였다가 바로 사라지는 정도가 되면 OK.

4. 실리콘 주걱으로 전체적으로 골고루 섞는다.

5. **4**까지 완료한 반죽을 짤주머니에 흘러넘치지 않도록 담고 입구로 새어나오지 않도록 잘 막은 다음, 냉장실에서 3시간가량 휴지시킨다.

6. 녹인 버터를 솔에 묻혀 틀에 얇게 바른다. 짤주머니 앞을 1cm가량 잘라내고, 틀에 90퍼센트 정도로 찰 정도로만 반죽을 짜 넣는다. 틀을 바닥에 가볍게 내리쳐서 반죽을 평평하게 만들고, 냉장실에서 15분가량 휴지시킨다.

7. 예열한 오븐 팬에 신속하게 틀을 올리고, 3분 정도 굽는다. 다시 190℃에서 4분가량, 마지막으로 170℃에서 2~3분 정도 구워낸다. 부풀어 오른 부분을 만져봤을 때 반죽이 묻어나지 않고 탄력이 있으면 완성. 틀을 가볍게 친 다음, 그대로 여열을 식힌다.

8. 슈크림용 깍지를 끼운 짤주머니(또는 주사기)에 흑설탕 시럽을 넣는다. 틀에서 마들렌을 이쑤시개 등으로 꺼내고 한 김 식혀, 온기가 아직 남아있는 동안 볼록한 부분에 깍지(또는 주사기 꼭지)를 찔러 넣어 흑설탕 시럽을 3~4g씩 짜 넣는다.

---

* 시판 제품을 구할 수 없다면 비정제 설탕으로 직접 만들 수도 있다. 비정제 설탕과 물을 1:1 비율로 끓이면 시럽이 완성된다. 시판 제품을 사용할 경우 인터넷에서 '오키나와 흑당 시럽' 등으로 검색하면 쇼핑몰에서 레시피에서 사용한 제품과 거의 동일한 제품을 구입할 수 있다.

Note

- 짙은 녹차 풍미의 반죽에 달콤한 흑설탕 시럽을 넣어 어른스러운 맛을 낸다.
- 흑설탕 시럽은 지나치게 묽지 않고 어느 정도 점도가 있어야 마들렌에 주입하기 쉽다.
- 가벼운 식감을 완성하기 위해 전분을 추가했다.

타임향 캐러멜 마들렌

Madeleines fourrées au caramel au thym

재료(7~8개 분량)

무염 발효버터 55g
그래뉴당 45g

A
- 박력분 40g
- 아몬드파우더 10g
- 베이킹파우더 2g(약 1/2t)

B
- 달걀 50g(중 1알)
- 꿀 8g
- 바닐라 익스트랙 1/6t
- 소금 약간

레몬즙 1/2t
녹인 버터 적당량

타임향 캐러멜 80g
- 생크림(유지방 함량 35%) 100㎖
- 타임 5줄기
- 그래뉴당 50g
- 무염버터 10g

미리 준비하기

- P.42의 '**흑설탕 말차 마들렌**'과 동일하게 준비한다. 레몬즙도 마찬가지로 상온에 꺼내둔다.
- 프라이팬이 들어갈 정도 크기의 볼에 찬물을 담아둔다.

만드는 법

1 P.42의 '**흑설탕 말차 마들렌**'의 1~7과 동일하게 만든다. 다만 3에서 발효버터를 넣기 전에, 레몬즙을 넣어 전체적으로 어우러질 때까지 골고루 섞어준다.

2 타임향 캐러멜을 만든다. 작은 냄비에 생크림과 타임을 넣고 약한 중불로 끓이다, 끓어오르기 직전에 볼로 옮기고, 랩을 씌워 20분간 둔다.

3 프라이팬에 그래뉴당을 넣고 센 불로 끓이며 실리콘 주걱으로 덩어리가 뭉치지 않도록 풀어가며 녹인다. 짙은 갈색이 돌면 불에서 내리고, 찬물이 담긴 볼에 프라이팬 바닥을 걸쳐 식힌다.

4 **2**의 타임향 캐러멜을 약불에서 사람 피부 온도 정도가 될 때까지 다시 데우고, 체에 내려 프라이팬에 3~4번에 걸쳐 넣고, 재료를 추가할 때마다 거품기로 섞어준다.

5 버터를 넣고 전체적으로 어우러질 때까지 섞고, 프라이팬 바닥이 얼음물에 닿도록 올려, 실리콘 주걱으로 차가워 질 때까지 섞는다. 타임향 캐러멜 완성.

6 슈크림 깍지를 끼운 짤주머니에 **5**까지 완료한 타임향 캐러멜을 담는다. 틀에서 마들렌을 이쑤시개 등으로 꺼내고 한 김 식혀, 온기가 아직 남아있는 동안 볼록한 부분에 깍지를 찔러 넣어 타임향 캐러멜을 10g씩 짜 넣는다. (이때 주사기를 사용하지 않는다.)

Note

- 싱그러운 타임 향기가 매력적인 마들렌이다. **4**에서 생크림을 거를 때, 타임을 숟가락이나 주걱 등으로 꾹 눌러 짜서 타임 풍미를 반죽에 확실하게 입힌다.
- 캐러멜을 주입하고 1시간 후부터 당일 내가 가장 맛있다. 다음 날 먹을 경우에는 랩에 싸서 냉장실에 넣어둔다.
- 남은 캐러멜은 냉장실에 보관한다. 냉장실에 넣어두었던 캐러멜을 사용할 때는 전자레인지에서 20초 가량 가열해 부드럽게 만든다. 남은 캐러멜에 빵을 찍어 먹어도 별미다.

크림으로
부드러움 살리기

크림이 들어간 마들렌은
지금 파리에서 가장 인기 있는 디저트!
싱그러운 과일 향기와 크림의
부드러운 식감이 소박한 마들렌을
화려한 디저트로 탈바꿈시켜줘요.

**레몬 크림
마들렌**

레몬 크림 마들렌

Madeleines fourrées à la crème de citron

재료(7~8개 분량)
무염 발효버터 55g
그래뉴당 45g

A
  박력분 40g
  아몬드파우더 10g
  베이킹파우더 2g(약 1/2t)

B
  달걀 50g(중 1알)
  꿀 8g
  바닐라 익스트랙 1/6t
  소금 약간

레몬 껍질 간 것 작은 레몬 1개 분량
레몬즙 1/2t
녹인 버터 적당량

레몬 크림 80g
  레몬즙 40*ml*
  달걀 50g(중 1개)
  그래뉴당 40g
  무염버터 30g

슈거파우더 적당량

미리 준비하기
• 달걀, 꿀, 레몬즙은 상온(약 25℃)에 미리 꺼내둔다.
• 발효버터를 적당한 크기로 잘라 볼에 넣고 중탕해서 실리콘 주걱 등으로 저어가며 녹인다. 버터가 녹으면 중탕하던 그릇에서 꺼내 40℃ 정도로 식힌다.
• **A**는 일회용 위생봉지에 담고 흔들어서 골고루 섞어준다.
• **B**는 달걀흰자를 거품기로 가르듯 잘 섞어준다.
• 반죽을 굽기 전에, 오븐에 팬을 넣고 230℃로 예열해 둔다.

만드는 법
1 볼에 그래뉴당을 담고 **A**를 체로 쳐가며 더한 다음, 거품기로 골고루 섞는다.

2 손가락으로 가루 한가운데에 구멍을 파고 그 구멍에 B를 살살 흘려 넣는다. 거품기로 가루를 볼 중심에 끌어당긴다는 느낌으로 40회가량 빙글빙글 휘젓는다. 가루가 보이지 않을 때까지 살살 섞어준다.

3 레몬즙과 레몬 껍질을 넣고 골고루 섞는다.

4 녹인 발효버터를 세 번에 걸쳐 나누어 넣는다. 버터를 넣을 때마다 20~40회 정도 살살 저어서 골고루 섞는다. 반죽을 떨어뜨렸을 때 쌓였다가 바로 사라지는 정도가 되면 OK.

5 실리콘 주걱으로 골고루 잘 섞어준다.

6 **5**까지 완료한 반죽을 짤주머니에 흘러넘치지 않도록 담고 입구로 새어나오지 않도록 잘 막은 다음, 냉장실에서 15분가량 휴지시킨다.

7 레몬 크림을 만든다. 볼에 준비한 분량의 반인 그래뉴당 20g과 달걀 1개를 넣고 거품기로 섞는다.

8 작은 냄비에 레몬즙과 남은 그래뉴당, 버터를 넣고 거품기로 저어가며 약불로 끓이고 ⓐ,

다음 페이지에 이어짐 ▶

그래뉴당이 녹으면 불에서 내려, **7**의 볼에 1/3양을 넣고 섞어준다 ⓑ.

9 볼에 담긴 내용물을 작은 냄비에 다시 붓고 ⓒ, 중탕하며 끈기가 생길 때까지 거품기로 섞는다 ⓓ.

10 체에 내리며 볼에 옮겨 담고 ⓔ, 볼 바닥이 얼음물에 닿도록 걸쳐 둔 다음, 실리콘 주걱으로 식을 때까지 섞어준다. **13**에서 사용할 때까지 냉장실에 보관한다.

11 녹인 버터를 솔에 묻혀 틀에 얇게 바른다. 짤주머니 앞을 1*cm*가량 잘라내고, 반죽을 틀의

ⓐ   ⓑ

ⓒ   ⓓ   ⓔ

90%까지만 채운다. 틀을 바닥에 가볍게 내리쳐서 반죽을 평평하게 만들고, 냉장실에서 15분가량 휴지시킨다.

12 예열한 오븐 팬에 신속하게 틀을 올리고, 3분 정도 굽는다. 다시 190℃에서 3~4분가량, 마지막으로 170℃에서 2~3분 정도 구워낸다. 부풀어 오른 부분을 만져봤을 때 반죽이 묻어나지 않고 탄력이 있으면 완성. 틀을 가볍게 친 다음, 그대로 여열을 식힌다.

13 슈크림 깍지를 끼운 짤주머니에 **10**에서 완성한 레몬 크림을 살살 따른다. 틀에서 마들렌을 이쑤시개 등으로 꺼내고 한 김 식혀, 온기가 아직 남아있는 동안 볼록한 부분에 깍지를 찔러 넣어 레몬 크림을 약 10g씩 짜 넣는다. 고운체를 이용해 슈거파우더를 솔솔 뿌리고, 레몬 껍질 적당량(분량 외)을 흩뿌려준다.

Note

- 마들렌을 만들 때 레몬은 약방의 감초 역할을 한다. 레몬 크림을 듬뿍 넣어 풍부한 레몬 향을 즐길 수 있다.
- 사용하고 남은 레몬 크림은 냉장실에 보관한다. 요거트와 아이스크림, 비스킷 등에 곁들여 먹어도 일품이다.
- 구할 수 있다면 광택제를 사용하지 않은 국산 레몬을 사용한다.*
- 크림은 상하기 쉬우므로, 크림을 넣은 마들렌은 만든 당일에 먹는다. 크림을 넣고 나서 1시간 후부터가 가장 맛있다.

---

* 생협이나 농협 하나로 마트, 인터넷 쇼핑몰 등에서 국산 레몬을 12월 경에 구입할 수 있다. 국산 레몬을 구할 수 없는 계절에는 수입 레몬을 사용한다. 이 때 굵은 소금이나 베이킹파우더 등으로 껍질을 박박 문질러 씻어 광택제와 이물질을 제거한 다음 사용한다.

자몽 크림 마들렌

Madeleines fourrées à la crème de pamplemousse

자몽 크림
마들렌

재료(7~8개 분량)

무염 발효버터 55g
그래뉴당 45g

A
박력분 40g
아몬드파우더 10g
베이킹파우더 2g(약 1/2t)

B
달걀 50g(중 1알)
꿀 8g
바닐라 익스트랙 1/6t
소금 약간

레몬 껍질 간 것 작은 레몬 1개 분량
레몬즙 1/2t
녹인 버터 적당량

자몽 크림 80g
자몽 과즙 50ml
달걀 50g(중 1알)
그래뉴당 45g
무염버터 55g
로즈마리 1줄기

미리 준비하기
• P.45 '**레몬 크림 마들렌**'과 동일하게 준비한다.

만드는 법

1 P.45 '**레몬 크림 마들렌**'의 1~6과 같은 방법으로 만든다.

2 자몽 크림을 만든다. 준비한 분량의 반인 그래뉴당 22g과 달걀 1알을 볼에 거품기로 섞는다.

3 작은 냄비에 자몽 과즙과 남은 그래뉴당, 버터, 로즈마리를 넣고 거품기로 저어가며 약불로 끓이고, 그래뉴당이 녹으면 불에서 내려, **2**까지 마친 볼에 1/3양을 넣고 섞어준다.

4 볼에 담긴 내용물을 작은 냄비에 다시 붓고, 중탕하며 끈기가 생길 때까지 거품기로 섞는다.

5 체에 내리며 볼에 옮겨 담고, 볼 바닥이 얼음물에 닿도록 걸쳐 둔 다음, 실리콘 주걱으로 식을 때까지 섞어준다. **8**에서 사용할 때까지 냉장실에 보관한다. 자몽 크림 완성.

6 녹인 버터를 솔에 묻혀 틀에 얇게 바른다. **1**의 짤주머니 앞을 1*cm*가량 잘라내고, **1**에서 완성한 반죽을 틀의 90%까지만 채운다. 틀을 바닥에 가볍게 내리쳐서 반죽을 평평하게 만들고 , 냉장실에서 15분가량 휴지시킨다.

7 예열한 오븐 팬에 신속하게 틀을 올리고, 3분 정도 굽는다. 다시 190℃에서 3~4분가량, 마지막으로 170℃에서 2~3분 정도 구워낸다. 부풀어 오른 부분을 만져봤을 때 반죽이 묻어나지 않고 탄력이 있으면 완성. 틀을 가볍게 친 다음, 그대로 여열을 식힌다.

8 슈크림 깍지를 끼운 짤주머니에 **5**에서 완성한 자몽 크림을 살살 따른다. 틀에서 마들렌을 이쑤시개 등으로 꺼내고 한 김 식혀, 온기가 아직 남아있는 동안 볼록한 부분에 깍지를 찔러 넣어 자몽 크림을 약 10g씩 짜 넣는다. 로즈마리 적당량(분량 외)을 마들렌 위에 얹는다.

Note

• 새콤달콤하면서도 쌉쌀한 자몽 크림을 넣은 상큼한 마들렌이다.

• 남은 크림은 냉장실에 보관한다. 요구르트, 아이스크림, 비스킷 등에 곁들이면 고급스러우면서 색다른 맛을 즐길 수 있다.

• 크림은 상하기 쉬우므로 크림을 넣은 마들렌은 만든 당일에 먹어야 한다.

마롱 크림 마들렌

Madeleines fourrées à la crème de châtaignes

마롱 크림 마들렌

재료(7~8개 분량)

무염 발효버터 55g

그래뉴당 40g

A
> 박력분 40g
> 아몬드파우더 12g
> 베이킹파우더 2g(약 1/2t)

B
> 달걀 50g(중 1알)
> 꿀 8g
> 바닐라 익스트랙 1/6t

레몬즙 1/2t

녹인 버터 적당량

마롱 크림
> 밤 페이스트 55g
> 살구잼 10g

미리 준비하기

• P.45 '**레몬 크림 마들렌**'과 동일하게 준비한다.

만드는 법

1 P.45 '**레몬 크림 마들렌**'의 1~6, 11~12와 동일하게 만든다. 다만 3에서 레몬 껍질은 생략한다.

2 마롱 크림을 만든다. 볼에 밤 페이스트를 넣고, 덩어리가 지거나 뭉치지 않도록 실리콘 주걱으로 부드럽게 풀어가며 으깨고, 살구잼을 넣고 거품기로 잘 섞어준다.

3 슈크림 깍지를 끼운 짤주머니에 **2**에서 완성한 마롱 크림을 살살 담는다. 틀에서 마들렌을 이쑤시개 등으로 꺼내고 한 김 식혀, 온기가 아직 남아있는 동안 볼록한 부분에 깍지를 찔러 넣어 마롱 크림을 약 8g씩 짜 넣는다.

Note

• 마롱 크림에 살구잼을 넣어 묵직한 풍미에 입안을 상쾌하게 씻어내는 상큼한 과일향을 더했다. 밤 페이스트는 'Sabaton'사의 제품을 사용했다.

• 크림은 상하기 쉬우므로 크림을 넣은 마들렌은 당일에 소비한다.

가나슈로
달콤함 더하기

가나슈란 초콜릿과 생크림을 합친
크림이랍니다.
가나슈를 넣으면 마들렌에
풍부한 맛을 더해져
남성들에게도 사랑받는 디저트로
변신해요!

**가나슈
마들렌**

가나슈 마들렌

Madeleines au cœur de ganache au chocolat

재료(7~8개 분량)

무염 발효버터 55g
백설탕 40g

A
박력분 20g
코코아파우더 18g
아몬드파우더 15g
베이킹파우더 2g(약 1/2t)

B
달걀 50g(중 1알)
꿀 8g
바닐라 익스트랙 1/6t

레몬즙 1/2t
녹인 버터 적당량

가나슈

커버춰 초콜릿(스위트) ⓐ 40g ⓐ
생크림(유지방 함량 35%) 35ml
무염버터 10g

슈거파우더 적당량

 ⓑ
 ⓒ
 ⓓ
 ⓔ

Note

- 코코아를 넣은 반죽과 달콤한 가나슈까지! 달콤한 디저트를 좋아하는 사람의 취향을 완벽하게 저격하는 마들렌이다.
- 커버춰 초콜릿은 cacao barry의 'excellence sweet cacao 55%'를 사용했다.
- 가나슈를 너무 많이 식히면 표면이 쩍쩍 갈라지거나 잔금이 생길 수 있으므로 상태를 보아가며 섞어야 한다.
- 코코아가 들어간 반죽과 궁합이 좋은 백설탕을 사용했다. 그래뉴당으로도 대체 가능하다.

미리 준비하기

- 달걀, 꿀, 레몬즙은 상온(약 25℃)에 미리 꺼내둔다.
- 발효버터를 적당한 크기로 잘라 볼에 넣고 중탕해서 실리콘 주걱 등으로 저어가며 녹인다. 버터가 녹으면 중탕하던 그릇에서 꺼내 40℃ 정도로 식힌다.
- **A**는 일회용 위생봉지에 담고 흔들어서 골고루 섞어준다.
- **B**는 달걀흰자를 거품기로 가르듯 잘 섞어준다.
- 반죽을 굽기 전에, 오븐에 팬을 넣고 230℃로 예열해 둔다.

만드는 법

1 볼에 백설탕을 담고 **A**를 체로 쳐가며 더한 다음, 거품기로 골고루 섞는다.

2 손가락으로 가루 한가운데에 구멍을 파고 그 구멍에 **B**를 살살 흘려 넣는다. 거품기로 가루를 볼 중심에 끌어당긴다는 느낌으로 40회가량 빙글빙글 휘젓는다. 가루가 보이지 않을 때까지 살살 섞어준다.

3 레몬즙을 넣고 골고루 섞는다.

4 녹인 발효버터를 세 번에 걸쳐 나누어 넣는다. 버터를 넣을 때마다 20~40회 정도 살살 저어서 골고루 섞는다. 반죽을 떨어뜨렸을 때 쌓였다가 바로 사라지는 정도가 되면 OK.

5 실리콘 주걱으로 골고루 잘 섞어준다.

6 5까지 완료한 반죽을 짤주머니에 흘러넘치지 않도록 담고 입구로 새어나오지 않도록 잘 막은 다음, 냉장실에서 3시간가량 휴지시킨다.

7 녹인 버터를 솔에 묻혀 틀에 얇게 바른다. 짤주머니 앞을 1cm가량 잘라내고, 반죽을 틀의 90%까지만 채운다. 틀을 바닥에 가볍게 내리쳐서 반죽을 평평하게 만들고, 냉장실에서 15분가량 휴지시킨다.

8 예열한 오븐 팬에 신속하게 틀을 올리고, 3분 정도 굽는다. 다시 190℃에서 4분가량, 마지막으로 170℃에서 2~3분 정도 구워낸다. 부풀어 오른 부분을 만져봤을 때 반죽이 묻어나지 않고 탄력이 있으면 완성. 틀을 가볍게 친 다음, 그대로 여열을 식힌다.

9 마들렌이 식기 전에 가나슈를 만든다. 내열성이 있는 볼에 초콜릿과 생크림을 넣고 랩을 씌워 ⓑ, 전자레인지에 50초가량 가열해 초콜릿을 부드럽게 녹인다 ⓒ.

10 거품기로 잘 섞고 ⓓ, 다시 버터를 넣고 골고루 섞은 다음 전체적으로 어우러지도록 섞어준다 ⓔ.

11 볼 바닥을 얼음물에 담가 식히면서 실리콘 주걱으로 부드러운 크림 상태가 될 때까지 살살 섞어 주면 가나슈 완성.

12 슈크림 깍지를 끼운 짤주머니에 11에서 완성한 가나슈를 넣는다. 틀에서 마들렌을 이쑤시개 등으로 꺼내고 한 김 식혀, 볼록한 부분에 깍지를 찔러 넣어 가나슈를 약 10g씩 짜 넣고, 고운체를 이용해 슈거파우더를 골고루 뿌려준다.

커피 가나슈 마들렌

Madeleines au cœur de ganache au café

커피 가나슈
마들렌

재료(7~8개 분량)

무염 발효버터 55g
슈거파우더 40g

A
- 박력분 40g
- 아몬드파우더 10g
- 베이킹파우더 2g(약 1/2t)

B
- 달걀 50g(중 1알)
- 꿀 5g
- 인스턴트 커피 1t

레몬즙 1/2t
녹인 버터 적당량

커피 가나슈
- 커버춰 초콜릿(밀크)  45g
- 생크림(유지방 함량 35%) 35ml
- 인스턴트 커피 1t
- 무염버터 10g

미리 준비하기
- P.53 '**가나슈 마들렌**'과 동일하게 준비한다.

만드는 법

1 P.53 '**가나슈 마들렌**'의 1~8과 같은 방법으로 만든다. 다만 1에서 백설탕 대신 슈거파우더를 사용한다.

2 마들렌이 따뜻할 동안에 커피 가나슈를 만든다. 내열성이 있는 볼에 초콜릿과 생크림, 인스턴트 커피를 넣고 랩을 씌워, 전자레인지에 40초가량 가열해 초콜릿을 부드럽게 녹인다.

3 거품기로 잘 섞고, 다시 버터를 넣고 골고루 섞는다.

4 볼 바닥을 얼음물에 담가 식히면서 실리콘 주걱으로 부드러운 크림 상태가 될 때까지 살살 섞어주면 커피 가나슈 완성.

5 슈크림 깍지를 끼운 짤주머니에 **4**에서 완성한 커피 가나슈를 넣는다. 틀에서 마들렌을 이쑤시개 등으로 꺼내고 한 김 식혀, 볼록한 부분에 깍지를 찔러 넣어 커피 가나슈를 약 10g씩 짜 넣는다.

> ### Note
> - 어느 집에나 있는 인스턴트 커피를 더하면, 쌉싸름한 맛이 일품인 커피 마들렌이 완성된다.
> - 인스턴트 커피는 입자가 굵고 맛이 진한 제품이 적합하다.
> - 밀크 커버춰 초콜릿은 cacao barry의 'Lactee cacao 38.2%'를 사용했다.
> - 슈거파우더는 그래뉴당으로 대체 가능하다.

화이트 초콜릿 가나슈 마들렌

Madeleines au cœur de ganache au chocolat blanc

화이트 초콜릿 가나슈
마들렌

재료(7~8개 분량)

무염 발효버터 55g
그래뉴당 40g

A
  박력분 40g
  아몬드파우더 12g
  베이킹파우더 2g(약 1/2t)

B
  달걀 50g(중 1알)
  꿀 5g
  바닐라 익스트랙 1/6t

레몬즙 1/2t
럼에 절인 건포도 30g
녹인 버터 적당량

화이트 초콜릿 가나슈
  커버춰 초콜릿(화이트) ⓐ 50g
  생크림(유지방 함량 35%) 25㎖
  무염버터 10g
  (취향에 따라) 럼주 1/2t

슈거파우더 적당량

ⓐ

미리 준비하기

• P.53 '**가나슈 마들렌**'과 동일하게 준비한다.

• 럼에 절인 건포도는 큼직하게 다진다.

만드는 법

1 P.53 '**가나슈 마들렌**'의 1~8과 같은 방법으로 만든다. 다만 1에서는 백설탕 대신 그래뉴당을 사용한다. 5에서는 준비한 럼에 절인 건포도 중 2/3 양만 덜어내 반죽에 넣은 다음 섞는다. 7에서는 틀에 반죽을 부은 다음 남은 건포도를 올린다.

2 마들렌이 따뜻할 동안에 화이트 초콜릿 가나슈를 만든다. 내열성 볼에 커버춰 초콜릿과 생크림을 넣고 랩을 씌워, 전자레인지에 40초가량 가열해 초콜릿을 부드럽게 녹인다.

3 거품기로 휘저어주고, 다시 버터와 럼주를 넣고 골고루 섞은 다음, 전체적으로 어우러지도록 잘 섞어준다. 작은 냄비에 생크림을 넣고 중불로 가열해 부글부글 끓인다.

4 볼 바닥을 얼음물에 담가 식히면서 실리콘 주걱으로 부드러운 크림 상태가 될 때까지 살살 섞어주면 화이트 초콜릿 가나슈 완성.

5 슈크림 깍지를 끼운 짤주머니에 4에서 완성한 화이트 초콜릿 가나슈를 넣는다. 틀에서 마들렌을 이쑤시개 등으로 꺼내고 한 김 식혀, 볼록한 부분에 깍지를 찔러 넣어 화이트 초콜릿 가나슈를 약 10g씩 짜 넣고, 고운체를 이용해 슈거파우더를 살살 뿌려준다.

> **Note**
> • 코끝을 간질이는 달짝지근한 향이 매력적인 럼과 크림처럼 부드러운 화이트 초콜릿이 들어가 성숙한 어른을 위한 고급스러운 디저트로 완성!
> • 커버춰 초콜릿은 cacao barry의 'Blanc Satin cacao 29%'를 사용. 화이트 초콜릿은 눌어붙기 쉬우므로 전자레인지 가열 시간은 초콜릿 상태에 따라 조절해야 한다.

마들렌에 짭짤한 맛을 더하면
한 입에 쏙 들어가는 깜찍한 전채 요리가 완성!
본격적인 식사에 들어가기 전에 짭짤한 맛으로
미각을 깨워주는 살레풍 마들렌은
본고장 프랑스에서도 인기랍니다!

**토마토 & 올리브
마들렌**

토마토 & 올리브 마들렌

Madeleines salés aux tomates séchées et olives

재료(6개 분량)

A
무염버터 30g
올리브 오일 2t

B
올리브 15g
드라이 토마토(오일에 절인 제품) 20g

C
달걀 50g(중 1알)
우유 20ml
소금 1/3t
다진 마늘 1/4t

D
박력분 55g
베이킹파우더 2g(약 1/2t)

E
치즈가루 1과 1/3T
이탈리안 파슬리 굵게 다진 것 1T
통후추(흑후추) 굵게 간 것 약간
다진 레드페퍼(페페론치니) 약간

녹인 버터 적당량

미리 준비하기

• 달걀은 상온(약 25℃)에 미리 꺼내둔다.

• **A**의 버터는 적당한 크기로 잘라, 올리브 오일과 함께 볼에 넣고 중탕하며 실리콘 주걱으로 저어가며 녹인다. 버터가 녹으면 중탕에서 꺼내 40℃ 정도로 식힌다.

• **B**의 올리브와 드라이 토마토는 굵게 다진다 ⓐⓑ.

• **C**는 달걀흰자를 거품기로 가르듯 잘 섞어준다.

• **E**는 합쳐서 섞는다.

• 반죽을 굽기 전에, 오븐에 팬을 넣고 230℃로 예열해 둔다.

만드는 법

1 **D**를 체에 내려 볼에 담는다.

2 손가락으로 가루 한가운데에 구멍을 파고 그 구멍에 **C**를 살살 흘려 넣는다. 거품기로 가루를 볼 중심에 끌어당긴다는 느낌으로 40회가량 빙글빙글 휘젓는다. 가루가 보이지 않을 때까지 살살 섞어준다.

3 **A**를 2회에 걸쳐 나누어 넣고, 재료를 더할 때마다 골고루 섞는다.

4 **B**, **E**를 순서대로 넣고, 재료를 넣을 때마다 실리콘 주걱으로 잘 섞어준다.

5 녹인 버터를 솔에 묻혀 틀에 얇게 바른다. 실리콘 주걱으로 **4**까지 완료한 반죽을 틀의 90%까지만 채우고 틀을 가볍게 쳐서 반죽을 평평하게 만든 다음, 레드페퍼를 살짝 뿌려준 다음, 냉장실에서 30분가량 휴지시킨다.

6 예열한 오븐 팬에 신속하게 틀을 올리고, 3분 정도 굽는다. 다시 190℃에서 4~5분가량, 마지막으로 170℃에서 2~3분 정도 구워낸다. 부풀어 오른 부분을 만져봤을 때 반죽이 묻어나지 않고 탄력이 있으면 완성. 틀을 가볍게 친 다음, 이쑤시개 등으로 마들렌을 꺼내 식힘망 위에 올려 여열을 뺀다. 레드페퍼를 적당량(분량 외) 흩뿌린다.

ⓐ ⓑ ⓒ ⓓ

Note

• 드라이 토마토의 산미와 올리브의 쌉쌀한 맛을 살린 이탈리아풍 전채요리이다.

• 살레를 만들 때는 발효버터 대신 일반 버터를 사용하고, 올리브 오일을 추가한다. 올리브 오일은 엑스트라 버진을 추천한다. 올리브 오일을 사용하면 가벼운 식감을 낼 수 있다.

• 가벼운 식감으로 완성하기 위해 휴지 시간은 30분으로 맞춘다. 반죽이 되직한 편이므로 짤주머니는 사용하지 않는다.

• 달콤한 마들렌보다 수분이 적으므로 섞는 과정에서 거품기 사이에 반죽이 끼기 쉽다. 거품기로 반죽을 들었다 떨어뜨리는 과정을 반복하며 섞어야 한다.

베이컨&양파
마들렌

양송이&호두
마들렌

카레
마들렌

Fromage.

치즈 마들렌

베이컨&양파 마들렌

Madeleines salés au bacon et aux oignons

재료(6개 분량)

A
- 무염버터 30g
- 올리브 오일 2t

B
- 베이컨(얇게 저민 것) 2장(40g)
- 곱게 다진 양파 40g
- 통후추(흑후추) 약간

C
- 달걀 50g(중 1알)
- 우유 20㎖
- 소금 1/3t
- 다진 마늘 1/4t

D
- 박력분 55g
- 베이킹파우더 2g(약 1/2t)

치즈가루 1과 1/3T
통후추(흑후추) 간 것 약간
녹인 버터 적당량

미리 준비하기

- 달걀은 상온(약 25℃)에 미리 꺼내둔다.

- **A**의 버터는 적당한 크기로 잘라, 올리브 오일과 함께 볼에 넣고 중탕하며 실리콘 주걱으로 저어가며 녹인다. 버터가 녹으면 중탕에서 꺼내 40℃ 정도로 식힌다.

- **B**의 베이컨은 얇게 썰어 프라이팬에 중불로 볶는다. 베이컨에서 기름이 빠져나오면 양파를 넣고 함께 볶다가, 후추를 뿌리고 그대로 식힌다.

- **C**는 달걀흰자를 거품기로 가르듯 잘 섞어준다.

- 반죽을 굽기 전에, 오븐에 팬을 넣고 230℃로 예열해 둔다.

만드는 법

1 **D**를 체에 내려 볼에 담는다.

2 손가락으로 가루 한가운데에 구멍을 파고 그 구멍에 **C**를 살살 흘려 넣는다. 거품기로 가루를 볼 중심에 끌어당긴다는 느낌으로 40회가량 빙글빙글 휘젓는다. 가루가 보이지 않을 때까지 살살 섞어준다.

3 **A**를 2회에 걸쳐 나누어 넣고, 재료를 더할 때마다 골고루 섞는다.

4 치즈가루와 후춧가루를 넣고 실리콘 주걱으로 골고루 섞어준다.

5 **B**를 넣고 골고루 섞는다.

6 녹인 버터를 솔에 묻혀 틀에 얇게 바른다. 실리콘 주걱으로 **5**까지 완료한 반죽을 틀의 90%까지만 채우고 틀을 가볍게 쳐서 반죽을 평평하게 만든 다음, 냉장실에서 30분가량 휴지시킨다.

7 예열한 오븐 팬에 신속하게 틀을 올리고, 3분 정도 굽는다. 다시 190℃에서 4~5분가량, 마지막으로 170℃에서 2~3분 정도 구워낸다. 부풀어 오른 부분을 만져봤을 때 반죽이 묻어나지 않고 탄력이 있으면 완성. 틀을 가볍게 친 다음, 이쑤시개 등으로 마들렌을 꺼내 식힘망 위에 올려 여열을 식힌다.

Note

- 짭짤한 베이컨으로 간을 해서 양파의 달짝지근한 맛을 돋보인다.
- 넛멕 파우더를 살짝 가미하면 오묘하면서도 깊은 맛을 낼 수 있다.

양송이 & 호두 마들렌

Madeleines salés aux champignons et noix

재료(6개 분량)

A
- 무염버터 30g
- 올리브 오일 2t

B
- 양송이 큰 것 2개(50g)
- 로즈마리 1줄기
- 올리브 오일 2t
- 소금, 후추 약간씩

C
- 달걀 50g(중 1알)
- 우유 20㎖
- 소금 1/3t
- 다진 마늘 1/4t

D
- 박력분 55g
- 베이킹파우더 2g(약 1/2t)

볶은 호두 30g
치즈가루 1과 1/3T
통후추(흑후추) 굵게 간 것 약간
녹인 버터 적당량

미리 준비하기

- 달걀은 상온(약 25℃)에 미리 꺼내둔다.
- **A**의 버터는 적당한 크기로 잘라, 올리브 오일과 함께 볼에 넣고 중탕하며 실리콘 주걱으로 저어가며 녹인다. 버터가 녹으면 중탕에서 꺼내 40℃ 정도로 식힌다.
- **B**의 양송이는 숭덩숭덩 썬다. 프라이팬에 올리브 오일을 두르고 로즈마리를 넣어 약한 불에서 향을 낸 다음, 어느 정도 향이 우러나면 양송이를 넣고 강한 중불로 숨이 죽을 때까지 볶는다. 소금, 후추를 뿌리고 불에서 내려 식힌다.
- 호두는 굵게 다진다.
- **C**는 달걀흰자를 거품기로 가르듯 잘 섞어준다.
- 반죽을 굽기 전에, 오븐에 팬을 넣고 230℃로 예열해 둔다.

만드는 법

1 P.62 '**베이컨 & 양파 마들렌**'의 1~7과 동일하게 만든다. 다만 5에서 **B**와 함께 호두를 추가한다.

Note

- 쫄깃한 양송이와 바삭한 호두의 풍부한 식감을 만끽할 수 있는 마들렌이다. 차갑게 식힌 화이트 와인을 곁들이면 더 맛있게 즐길 수 있다.

카레 마들렌

Madeleines salés au curry

재료(6개 분량)

A
- 무염버터 30g
- 올리브 오일 2t

B
- 치즈가루 1과 1/3T
- 카레가루 1과 1/2t
- 통후추(흑후추) 굵게 간 것 약간

C
- 달걀 50g(중 1알)
- 우유 20ml
- 소금 1/3t
- 다진 마늘 1/4t

D
- 박력분 55g
- 베이킹파우더 2g(약 1/2t)

굵게 다진 소시지 4개(약 75g)
녹인 버터 적당량

미리 준비하기

• 달걀은 상온(약 25℃)에 미리 꺼내둔다.

• A의 버터는 적당한 크기로 잘라, 올리브 오일과 함께 볼에 넣고 중탕하며 실리콘 주걱으로 저어가며 녹인다. 버터가 녹으면 중탕에서 꺼내 40℃ 정도로 식힌다.

• 소시지는 큼직큼직하게 다져서 달군 프라이팬에 넣고 살짝 볶아, 불에서 내려 식힌다.

• B는 섞어 둔다.

• C는 달걀흰자를 거품기로 가르듯 잘 섞어준다.

• 반죽을 굽기 전에, 오븐에 팬을 넣고 230℃로 예열해 둔다.

만드는 법

1 D를 체에 내려 볼에 담는다.

2 손가락으로 가루 한가운데에 구멍을 파고, 그 구멍에 C를 살살 흘려 넣는다. 거품기로 가루를 볼 중심에 끌어당긴다는 느낌으로 40회가량 빙글빙글 휘젓는다. 가루가 보이지 않을 때까지 살살 섞어준다.

3 A를 2회에 걸쳐 나누어 넣고, 재료를 더할 때마다 골고루 섞는다.

4 B, 소시지를 순서대로 넣고 각 재료를 넣을 때마다 실리콘 주걱으로 잘 섞어준다.

5 녹인 버터를 솔에 묻혀 틀에 얇게 바른다. 실리콘 주걱으로 4까지 완료한 반죽을 틀의 90%까지만 채우고, 틀을 가볍게 쳐서 반죽을 평평하게 만든 다음, 냉장실에서 30분가량 휴지시킨다.

6 예열한 오븐 팬에 신속하게 틀을 올리고, 3분 정도 굽는다. 다시 190℃에서 4~5분가량, 마지막으로 170℃에서 2~3분 정도 구워낸다. 부풀어 오른 부분을 만져봤을 때 반죽이 묻어나지 않고 탄력이 있으면 완성. 틀을 가볍게 친 다음, 이쑤시개 등으로 마들렌을 꺼내 식힘망 위에 올려 여열을 식힌다.

Note

• 오븐에 구워내면 아이들의 입맛을 사로잡는 먹음직스러운 카레 향이 솔솔 풍긴다.

• 소시지와 함께 거칠게 다진 바질 잎 4~5장을 넣으면 풍미가 깊어진다.

치즈 마들렌

Madeleines salés au fromage

재료(6개 분량)

A
- 무염버터 30g
- 올리브 오일 2t

B
- 치즈가루 15g
- 고다 치즈 20g
- 통후추(흑후추) 굵게 간 것 약간

C
- 달걀 50g(중 1알)
- 우유 20ml
- 소금 1/3t
- 다진 마늘 1/4t

D
- 박력분 55g
- 베이킹파우더 2g(약 1/2t)

오레가노(건조) 약간
통후추(흑후추) 굵게 간 것 약간
녹인 버터 적당량

미리 준비하기

• P.64 '**카레 마들렌**'과 동일한 과정으로 준비한다. 다만 소시지는 사용하지 않으니 주의한다.

• **B**의 고다 치즈는 굵게 다지고 ⓐ, 치즈가루, 후춧가루와 섞는다.

만드는 법

1 P.64 '**카레 마들렌**'의 1~6과 동일하게 만든다. 다만 4에서 넣는 소시지는 생략한다. 5에서 반죽을 평평하게 만든 다음 오레가노와 후춧가루를 뿌린다.

ⓐ

Note

• 두 가지 종류의 치즈를 사용해서 깊은 풍미를 낸다. 오레가노의 향기가 맛의 방점을 찍는다.

Financiers

피낭시에

'피낭시에(Financier)'는 본래 프랑스어로
자본가와 재계인사라는 뜻입니다.
금괴의 모양을 본떠 만들어졌다고 해요.
증권 거래소 근처의 어느 파티시에가
피낭시에를 처음 만들었다는 설도 있어요.
달걀노른자를 사용하지 않고 흰자만 사용해서 만들어요.
아몬드파우더와 살짝 탄 버터의 풍미가
고급스러운 맛을 연출하는 신의 한 수랍니다!

기본 피낭시에

Financiers traditionnelles

살짝 탄 버터와 아몬드파우더가 피낭시에의 풍미를 한껏 살려요.
부드럽고 폭신한 식감으로 완성된답니다.

재료(6개 분량)

무염 발효버터 45g
그래뉴당 55g
소금 ⓐ 약간

A
  박력분 15g
  아몬드파우더 30g

달걀흰자 40g(대 1알 분량)
꿀 10g
녹인 버터 적당량

ⓐ소금은 마들렌보다
  약간 더 넉넉하게 넣는다.

➔ 반드시 재료를 계량한 다음 만들기 시작한다ⓑ.

가운데가 봉긋하게 부풀어요.
위에 장식을 얹는 경우, 반죽 양을
살짝 줄여서 기본보다 약간 얇게 만들어요.

단면을 보면 쫄깃한 질감이 살아있고,
가장자리에는 오븐의 열기가 닿은 흔적이
확실하게 남아요.

미리 준비하기

• 달걀흰자와 꿀은 실온(약 25℃)에 미리 꺼내둔다.
  ➔ 재료가 잘 섞일 수 있도록 온도를 맞춘다.

• 찬물을 담은 큼직한 볼을 준비한다.
  ➔ 태운 버터를 만들 때 가열을 멈추기 위해 냄비 바닥을 식힐 물. 냄비가
    들어가는 크기의 볼이나 깊이가 있는 넓은 쟁반 등에 물을 담아 둔다.

• A는 일회용 위생봉지에 담고 흔들어서 골고루 섞어준다ⓒ.
  ➔ 봉지에 넣고 흔들어 섞은 가루를 체에 내리면 반죽 결이 고와진다.

• 녹인 버터를 솔에 묻혀 틀에 꼼꼼하게 바른다ⓓ.
  ➔ 피낭시에 반죽은 완성 후에 바로 틀에 부어야 하므로, 녹인 버터를 미리 틀에
    발라둔다. 무염버터를 전자레인지에 몇 초 돌려 녹여서 사용해도 무방하다.
    마들렌보다 반죽이 틀에 달라붙기 쉬우므로 버터를 넉넉하게 바른다.

• 반죽을 굽기 전에, 오븐에 팬을 넣고 220℃로 예열해 둔다.
  ➔ 오븐 팬은 하단에 넣어 둔다.

만드는 법

1 태운 버터를 만든다. 발효버터를 적당한 크기로 잘라 냄비에 넣고, 실리콘 주걱으로 천천히
저어가며 약불로 데운다 ⓐ. 버터가 녹고 자잘한 거품이 일며, 갈색이 돌기 시작하면 불에서
내려 ⓑ, 찬물이 담긴 볼에 냄비 바닥을 걸쳐 식힌다 ⓒ. 고운체에 내려 30g을 계량하고 ⓓ,
그대로 70℃까지 식힌다.
➜ 타기 직전까지 졸인 버터의 고소한 향기가 피낭시에의 맛을 끌어올린다. 약불에서 수분을 완전히 날려야 고소한
풍미를 살릴 수 있다. 완전히 태우지 않도록 주의한다.

2 볼에 그래뉴당과 소금을 넣고, **A**를 체로 쳐가며 넣고 ⓔ, 거품기로 골고루 섞어준다 ⓕ.
➜ 그래뉴당이 한 곳에 뭉치지 않고 골고루 펴지면 OK.

3 손가락으로 가루 한가운데에 구멍을 파고 ⓖ, 그 구멍에 달걀흰자를 살살 흘려 넣는다 ⓗ.
거품기로 가루를 볼 중심에 끌어당긴다는 느낌으로 90회가량 빙글빙글 휘젓는다. 가루가 보이지
않을 때까지 살살 섞어준다 ⓘ ⓙ ⓚ.
➜ 섞는 횟수에 따라 식감이 달라진다. 횟수를 줄이면 식감이 가벼워지고, 늘리면 쫀득한 식감으로 완성된다.

다음 페이지에 이어짐 ▶

4 꿀을 넣고①, 재료가 전체적으로 어우러질 때까지 살살 섞는다.
  ➡ 꿀이 덩어리지지 않고 완전히 녹아서 섞이면 OK.

5 1에서 만든 태운 버터를 세 번에 걸쳐 나누어 넣는다⑩. 버터를 넣을 때마다 30~40회(세 번째는
  60회가량) 살살 저어서 골고루 섞는다⑪. 반죽을 떨어뜨렸을 때 쌓였다가 바로 사라지는 정도가
  되면 OK⑫.
  ➡ 태운 버터 온도는 70℃가 좋다. 온도가 그 이상 올라가지 않도록 주의한다. 식으면 다시 데우는 게 낫다.

6 실리콘 주걱으로 골고루 섞는다⑬.
  ➡ 고체 재료가 들어가는 레시피의 경우에는 이 단계에서 넣어준다. 볼 옆면에 붙은 반죽도 깔끔하게 긁어 모아서 정확한
    분량을 맞춘다.

7 실리콘 주걱으로 **6**까지 완료한 반죽을 틀의 90%까지만 채우고 **q**, 틀을 바닥에 대고 가볍게
쳐서 반죽을 평평하게 만든다 **r**.
➔ 속을 채운 반죽이나 장식을 올리는 경우, 반죽 틀의 80%만 채운다.

8 예열한 오븐 팬에 신속하게 틀을 올리고, 8~10분 정도 굽는다. 손가락으로 눌렀을 때 적당한
탄력이 느껴지고, 바닥에도 짙은 갈색이 돌면 완성 **s**. 이쑤시개 등으로 피낭시에를 꺼내 **t**,
식힘망에 올려 식힌다 **u**.
➔ 오븐을 여닫을 때는 신속하게 진행한다. 시간이 걸리면 오븐 내 온도가 내려가기 때문이다.
➔ 오븐 내 온도가 일정하지 않을 수 있으므로 5분 정도 굽고 오븐 팬 방향을 돌려주면 좋다.
　오븐 팬 방향을 바꿀 때도 최대한 신속하게 진행한다.

Note

- '기본 피낭시에'의 경우 굽는 온도와 예열 온도가 동일하게 220℃이다. 기본 피낭시에를 응용한 레시피에서는 220℃에서 예열하고, 굽기 시작할 때 온도를 200℃로 낮춘다.
- 피낭시에가 식고 나서 다음 날까지가 가장 맛있다. 보관할 때는 지퍼백에 키친타월을 접어 넣고, 키친타월 사이에 피낭시에를 집어넣은 다음 밀봉해서 상온에 보관한다. 이틀 이상 보관할 때는 완전히 식은 피낭시에를 한 개씩 봉투에 넣어 밀봉하고, 냉동시킨다. 먹을 때는 냉장실에서 천천히 해동시켜, 오븐토스터에 표면을 가볍게 데워 먹는다.
- 달걀흰자는 가급적 신선한 것을 사용해야 한다. 달걀이 신선할수록 응고하는 힘이 좋아 빠른 시간에 구워낼 수 있다.
- 남은 달걀노른자로 마요네즈를 만들어도 좋다. 달걀노른자 1개 분량, 식용유 3T, 레몬즙 2t, 디종 머스터드 1t, 꿀 ⅓t, 다진 마늘 약간, 소금 1/2t를 내열 재질의 볼에 넣고, 전자레인지에 30초간 가열한 다음, 거품기로 골고루 섞어준다. 직접 만든 마요네즈는 샐러드 드레싱으로 활용할 수 있다.

풍미 더하기

코코아를 추가하거나, 홍차 찻잎을
더해, 피낭시에에 풍미를 내요.
때로는 태운 버터 대신
녹인 버터를 사용하기도 해요.

초콜릿
피낭시에

아쌈 피낭시에

초콜릿 피낭시에

Financiers au chocolat

재료(6개 분량)

무염 발효버터 35g
그래뉴당 45g
소금 약간

A
　박력분 12g
　아몬드파우더 25g
　코코아파우더 8g
　베이킹파우더 1/6t

달걀흰자 40g(대 1알 분량)
꿀 5g
녹인 버터 적당량

미리 준비하기

• 달걀흰자와 꿀은 실온(약 25℃)에 미리 꺼내둔다.

• 찬물을 담은 큼직한 볼을 준비한다.

• **A**는 일회용 위생봉지에 담고 흔들어서 골고루 섞어준다.

• 녹인 버터를 솔에 묻혀 틀에 꼼꼼하게 바른다.

• 반죽을 굽기 전에, 오븐에 팬을 넣고 220℃로 예열해 둔다.

만드는 법

1 태운 버터를 만든다. 발효버터를 적당한 크기로 잘라 냄비에 넣고, 실리콘 주걱으로 천천히 저어가며 약불로 데운다. 버터가 녹고 자잘한 거품이 일며, 갈색이 돌기 시작하면 불에서 내려, 찬물이 담긴 볼에 냄비 바닥을 걸쳐 식힌다. 고운체에 내려 25g을 계량하고, 그대로 50℃까지 식힌다.

2 볼에 그래뉴당과 소금을 넣고 **A**를 체로 쳐가며 넣고, 거품기로 골고루 섞어준다.

3 손가락으로 가루 한가운데에 구멍을 파고, 그 구멍에 달걀흰자를 살살 흘려 넣는다. 거품기로 가루를 볼 중심에 끌어당긴다는 느낌으로 90회가량 빙글빙글 휘젓는다. 가루가 보이지 않을 때까지 살살 섞어준다.

4 꿀을 넣고 전체적으로 어우러질 때까지 살살 섞는다.

5 **1**에서 만든 태운 버터를 세 번에 걸쳐 나누어 넣는다. 버터를 넣을 때마다 30~40회(세 번째는 60회가량) 살살 저어서 골고루 섞는다. 반죽을 떨어뜨렸을 때 쌓였다가 바로 사라지는 정도가 되면 OK.

6 실리콘 주걱으로 골고루 섞는다.

7 실리콘 주걱으로 **6**을 완료한 반죽을 틀의 90%까지만 채우고 틀을 바닥에 대고 가볍게 쳐서 반죽을 평평하게 만든다.

8 예열한 오븐 팬에 신속하게 틀을 올리고, 200℃로 온도를 내려 11분가량 굽는다. 손가락으로 눌렀을 때 적당한 탄력이 느껴지고, 바닥에도 짙은 갈색이 돌면 완성. 틀을 가볍게 친 다음, 이쑤시개 등으로 피낭시에를 꺼내, 식힘망에 올려 식힌다.

Note

• 태운 버터는 50℃ 정도를 유지해야 코코아의 풍미를 해치지 않는다.

• 아몬드파우더는 가급적 풍미가 진한 '껍질을 벗기지 않고 통으로 갈아 만든 제품'을 사용한다. 구할 수 없는 경우에는 일반 제품을 사용해도 무방하다.

• 카카오파우더를 반죽 표면에 뿌려서 구우면 더욱 맛있어진다.

아쌈 피낭시에

Financiers au thé noir d'Assam

재료(6개 분량)

무염 발효버터 30g

A

| 박력분 15g
| 아몬드파우더 20g
| 슈거파우더 45g
| 소금 약간

달걀흰자 40g(대 1알 분량)
꿀 10g
홍차 찻잎(아쌈 / 티백) ⓐ 3g
녹인 버터 적당량

ⓐ

미리 준비하기

• 달걀흰자와 꿀은 실온(약 25℃)에 미리 꺼내둔다.

• 발효버터를 적당한 크기로 잘라 볼에 넣고, 중탕하며 실리콘 주걱으로 저어가며 녹여 70℃ 정도로 데운다.

• **A**는 일회용 위생봉지에 담고 흔들어서 골고루 섞어준다.

• 녹인 버터를 솔에 묻혀 틀에 꼼꼼하게 바른다.

• 반죽을 굽기 전에, 오븐에 팬을 넣고 220℃로 예열해 둔다.

만드는 법

1 볼에 **A**를 체로 쳐가며 넣는다.

2 P.73 '**초콜릿 피낭시에**'의 3~8과 동일하게 만든다. 다만 태운 버터 대신 '**미리 준비하기**'에서 녹여둔 발효버터를 사용한다. 6에서는 홍차 찻잎을 넣은 다음 섞어준다. 8에서는 굽는 시간을 12분으로 맞춘다.

Note

• 아쌈 홍차의 향기를 살리기 위해 버터는 태우지 않고 녹이기만 한다.

• 취향에 따라 시나몬파우더 소량을 **A**에 추가해도 좋다. 시나몬과 아쌈의 향기가 절묘하게 어우러진다.

오독오독
식감 살리기

고소한 아몬드 냄새가 특징인
피낭시에에는 피스타치오와 호두의
풍미가 무척 잘 어울려요.

피스타치오 피낭시에

호두 & 메이플 시럽
피낭시에

75

피스타치오 피낭시에

Financiers à la pistache

재료(6개 분량)

무염 발효버터 30g

A

    박력분 15g

    피스타치오 35g

    슈거파우더 40g

    소금 약간

달걀흰자 40g(대 1알 분량)

꿀 15g

키르슈* 1/2t

잘게 다진 피스타치오 ⓐ 2g

녹인 버터 적당량

ⓐ

미리 준비하기

• 달걀흰자와 꿀은 실온(약 25℃)에 미리 꺼내둔다.

• 발효버터를 적당한 크기로 잘라 볼에 담아 중탕하며 실리콘 주걱으로 저어가며 녹여 70℃ 정도까지 데운다.

• **A**의 피스타치오는 푸드프로세서로 분쇄해 가루 상태로 만든다. A의 재료를 모두 일회용 위생봉지에 담고 흔들어서 골고루 섞어준다.

• 녹인 버터를 솔에 묻혀 틀에 꼼꼼하게 바른다.

• 반죽을 굽기 전에, 오븐에 팬을 넣고 220℃로 예열해 둔다.

만드는 법

1 볼에 **A**를 체로 받쳐 담는다.

2 손가락으로 가루 한가운데에 구멍을 파고, 그 구멍에 달걀흰자를 살살 흘려 넣는다. 거품기로 가루를 볼 중심에 끌어당긴다는 느낌으로 90회가량 빙글빙글 휘젓는다. 가루가 보이지 않을 때까지 살살 섞어준다.

3 꿀을 넣고 재료가 전체적으로 어우러질 때까지 살살 섞는다.

4 녹인 버터를 세 번에 걸쳐 나누어 넣는다. 버터를 넣을 때마다 30~40회(세 번째는 60회가량) 살살 저어서 골고루 섞는다.

5 키르슈를 넣고 실리콘 주걱으로 골고루 섞어준다.

6 실리콘 주걱으로 **5**를 완료한 반죽을 틀의 90%까지만 채우고 틀을 바닥에 대고 가볍게 쳐서 반죽을 평평하게 만든 다음, 잘게 다진 피스타치오를 솔솔 뿌려준다.

7 예열한 오븐 팬에 신속하게 틀을 올리고, 200℃로 온도를 내려 12분가량 굽는다. 손가락으로 눌렀을 때 적당한 탄력이 느껴지고, 바닥에도 짙은 갈색이 돌면 완성. 틀을 가볍게 친 다음, 이쑤시개 등으로 피낭시에를 꺼내, 식힘망에 올려 식힌다.

Note

• 피스타치오를 넉넉하게 사용해 고소한 맛과 향기가 돋보이는 피낭시에이다. 태운 버터 대신 녹인 버터를 사용한다.

• 다른 피낭시에보다 부드러우므로 틀에서 꺼낼 때 부서지지 않도록 주의해야 한다.

• 그래뉴당 대신 슈거파우더를 사용하는 경우, 박력분과 함께 체에 내리면 작업을 더 빨리 할 수 있다.

---

* Kirsch, 체리를 증류해 만드는 브랜디의 일종이다.

호두 & 메이플 시럽 피낭시에

Financiers aux noix de pécan et sirop d'érable

재료(6개 분량)

무염 발효버터 30g
그래뉴당 30g
소금 약간

A
  박력분 18g
  아몬드파우더 20g

달걀흰자 40g(대 1알 분량)
메이플 시럽 30g
호두(로스트 · 무염) 15g
녹인 버터 적당량

미리 준비하기

• 달걀흰자와 꿀은 실온(약 25℃)에 미리 꺼내둔다.

• 찬물을 담은 큼직한 볼을 준비한다.

• 호두를 굵게 다진다.

• 녹인 버터를 솔에 묻혀 틀에 꼼꼼하게 바른다.

• 반죽을 굽기 전에, 오븐에 팬을 넣고 220℃로 예열해 둔다.

만드는 법

1 태운 버터를 만든다. 발효버터를 적당한 크기로 잘라 냄비에 넣고, 실리콘 주걱으로 천천히 저어가며 약불로 데운다. 버터가 녹고 자잘한 거품이 일며, 갈색이 돌기 시작하면 불에서 내려, 찬물이 담긴 볼에 냄비 바닥을 걸쳐 식힌다. 고운체에 내려 20g을 계량하고, 그대로 70℃까지 식힌다.

2 볼에 그래뉴당과 소금을 넣고 **A**를 체로 쳐가며 넣고, 거품기로 잘 섞어준다.

3 P.76 '**피스타치오 피낭시에**'의 2~7과 동일하게 진행한다. 다만 3에서 꿀 대신 메이플 시럽을, 4에서 녹인 버터 대신 **1**에서 완성한 태운 버터를 사용한다. 5의 키르슈는 생략한다. 6에서 피스타치오 대신 호두를 사용한다. 7에서 굽는 시간은 13분으로 맞춘다.

Note

• 꿀 대신 메이플 시럽을 사용해 바삭바삭 씹히는 호두의 식감을 부각시켰다.

과일 곁들이기

과일과 반죽의 풍미, 식감의
조화를 즐길 수 있어요.
피낭시에 표면에 살짝 드러난
과일을 눈으로 즐기고, 입으로는
과일의 식감을 선명하게
느껴보아요!

무화과 피낭시에

무화과 피낭시에

Financiers aux figues

재료(6개 분량)

무염 발효버터 30g
그래뉴당 50g
소금 약간

A
- 박력분 15g
- 아몬드파우더 20g

달걀흰자 40g(대 1알 분량)
꿀 5g
인스턴트 커피 2t
반건조 무화과 ⓐ 1개(20g)
쿠앵트로* 2t
녹인 버터 적당량

ⓐ

ⓑ   ⓒ   ⓓ

> ### Note
> - 신선한 무화과의 풍미를 응축한 반건조 무화
>   과와 커피의 쌉쌀한 맛이 잘 어울린다.
> - 쿠앵트로가 없으면 그랑마니에**로 대체 가능
>   하다.

미리 준비하기

- 달걀흰자와 꿀은 실온(약 25℃)에 미리 꺼내둔다.
- 찬물을 담은 큼직한 볼을 준비한다.
- **A**는 일회용 위생봉지에 담고 흔들어서 골고루 섞어준다.
- 녹인 버터를 솔에 묻혀 틀에 꼼꼼하게 바른다.
- 반죽을 굽기 전에, 오븐에 팬을 넣고 220℃로 예열해 둔다.

만드는 법

1 반건조 무화과는 뜨거운 물에 살짝 데쳐 물기를 빼고 굵게 다진다ⓑ. 쿠앵트로와 함께
   내열 용기에 담아 랩을 씌워 전자레인지에 40초가량 가열한 다음 꺼내서 그대로
   식힌다ⓒ.

2 태운 버터를 만든다. 발효버터를 적당한 크기로 잘라 냄비에 넣고, 실리콘 주걱으로
   천천히 저어가며 약불로 데운다. 버터가 녹고 자잘한 거품이 일며, 갈색이 돌기
   시작하면 불에서 내려, 찬물이 담긴 볼에 냄비 바닥을 걸쳐 식힌다. 고운체에 내려
   20g을 계량하고, 그대로 70℃까지 식힌다.

3 볼에 그래뉴당과 소금을 넣고 **A**를 체로 쳐가며 넣고, 거품기로 골고루 섞어준다.

4 손가락으로 가루 한가운데에 구멍을 파고, 그 구멍에 달걀흰자를 살살 흘려 넣는다.
   거품기로 가루를 볼 중심에 끌어당긴다는 느낌으로 90회가량 빙글빙글 휘젓는다.
   가루가 보이지 않을 때까지 살살 섞어준다.

5 꿀을 넣고 재료가 전체적으로 어우러질 때까지 살살 섞는다.

6 **2**의 태운 버터를 세 번에 걸쳐 나누어 넣는다. 버터를 넣을 때마다 30~40회(세 번째는
   60회가량) 살살 저어서 골고루 섞는다.

7 인스턴트 커피를 넣고 실리콘 주걱으로 골고루 섞어준다.

8 실리콘 주걱으로 **7**을 완료한 반죽을 틀의 80%까지만 채우고 틀을 바닥에 대고 가볍게
   쳐서 반죽을 평평하게 만든 다음, 반건조 무화과를 얹는다ⓓ.

9 예열한 오븐 팬에 신속하게 틀을 올리고, 200℃로 온도를 내려 12분가량 굽는다.
   손가락으로 눌렀을 때 적당한 탄력이 느껴지고, 바닥에도 짙은 갈색이 돌면 완성. 틀을
   가볍게 친 다음, 이쑤시개 등으로 피낭시에를 꺼내, 식힘망에 올려 식힌다.

---

* Cointreau, 무색의 리큐르로 오렌지의 풍미가 감돈다.
** Grande Marnier, 오렌지 향미를 더한 코냑이다.

믹스베리 피낭시에

Financiers aux fruits rouges

믹스베리 피낭시에

재료(6개 분량)

무염 발효버터 30g
그래뉴당 50g
소금 약간

A
　　박력분 15g
　　아몬드파우더 25g

달걀흰자 40g(대 1알 분량)
꿀 5g
믹스베리(냉동) ⓐ 40g
슈거파우더 적당량
녹인 버터 적당량

ⓐ

미리 준비하기

• 달걀흰자와 꿀은 실온(약 25℃)에 미리 꺼내둔다.

• 찬물을 담은 큼직한 볼을 준비한다.

• 알이 굵은 믹스베리는 골라내어 작게 다진다.

• **A**는 일회용 위생봉지에 담고 흔들어서 골고루 섞어준다.

• 녹인 버터를 솔에 묻혀 틀에 꼼꼼하게 바른다.

• 반죽을 굽기 전에, 오븐에 팬을 넣고 220℃로 예열해 둔다.

만드는 법

1 태운 버터를 만든다. 발효버터를 적당한 크기로 잘라 냄비에 넣고, 실리콘 주걱으로
천천히 저어가며 약불로 데운다. 버터가 녹고 자잘한 거품이 일며, 갈색이 돌기
시작하면 불에서 내려, 찬물이 담긴 볼에 냄비 바닥을 걸쳐 식힌다. 고운체에 내려
20g을 계량하고, 그대로 70℃까지 식힌다.

2 볼에 그래뉴당과 소금을 넣고 **A**를 체로 쳐가며 넣고, 거품기로 골고루 섞어준다.

3 손가락으로 찔러 가루 한가운데에 구멍을 파고, 그 구멍에 달걀흰자를 살살 흘려
넣는다. 거품기로 가루를 볼 중심에 끌어당긴다는 느낌으로 90회가량 빙글빙글
휘젓는다. 가루가 보이지 않을 때까지 살살 섞어준다.

4 꿀을 넣고 재료가 전체적으로 어우러질 때까지 살살 섞는다.

5 **1**에서 만든 태운 버터를 세 번에 걸쳐 나누어 넣는다. 버터를 넣을 때마다 30~40회(세
번째는 60회가량) 살살 저어서 골고루 섞는다.

6 실리콘 주걱으로 골고루 섞어준다.

7 실리콘 주걱으로 **6**의 반죽을 틀의 80%까지만 채우고 틀을 바닥에 대고 가볍게 쳐서
반죽을 평평하게 만든 다음, 믹스베리를 얹는다.

8 예열한 오븐 팬에 신속하게 틀을 올리고, 200℃로 온도를 내려 10~12분가량 굽는다.
손가락으로 눌렀을 때 적당한 탄력이 느껴지고, 바닥에도 짙은 갈색이 돌면 완성. 틀을
가볍게 친 다음, 이쑤시개 등으로 피낭시에를 꺼내, 식힘망에 올려 식히고, 마지막에
슈거파우더를 솔솔 뿌린다.

사과 피낭시에

Financier aux pommes caramélisées

사과 피낭시에

재료(6개 분량)

무염 발효버터 30g

그래뉴당 50g

소금 약간

A
- 박력분 15g
- 아몬드파우더 20g

달걀흰자 40g(대 1알 분량)

꿀 5g

아몬드 슬라이스 10g

사과 캐러멜리제
- 사과 50g
- 무염버터 5g
- 그래뉴당 10g
- 레몬즙 1/4t
- 시나몬파우더 약간

녹인 버터 적당량

미리 준비하기

• P.79 '**무화과 피낭시에**'와 동일하게 준비한다.

만드는 법

1 사과 캐러멜리제를 만든다. 사과는 5㎜로 깍둑썰기 한다. 프라이팬에 그래뉴당을 넣고 중불로 가열하다, 그래뉴당이 녹으면 사과, 레몬즙, 시나몬파우더를 넣고 함께 조린다. 사과가 부드러워지고 그래뉴당이 짙은 갈색으로 변하면 불을 끄고ⓐ, 그대로 식힌다.

2 P.79 '**무화과 피낭시에**'의 2~9와 동일하게 만든다. 다만 7의 인스턴트 커피는 생략한다. 8에서는 반건조 무화과 대신 1에서 만든 사과 캐러멜리제를 얹고, 아몬드 슬라이스를 뿌린다.

ⓐ

Note

• 사과 캐러멜리제의 시나몬 향이 은은하게 감도는 피낭시에는 따뜻한 홍차와 찰떡궁합이다. 쌀쌀한 바람이 불기 시작하는 가을부터 찬바람이 쌩쌩 몰아치는 겨울에 어울리는 레시피이다.

• 사과는 산미가 있는 품종인 홍옥을 추천한다.

과일
피낭시에 데세르

피낭시에 데세르란 케이크처럼
장식을 올린 화려한 피낭시에를 말해요.
다양한 재료와 조합으로
맛과 멋을 동시에 즐길 수 있답니다.

**믹스베리 마리네
피낭시에**

믹스베리 마리네 피낭시에

Financiers aux fruits rouges marinés

재료(6개 분량)

무염 발효버터 30g
그래뉴당 50g
소금 약간

A
- 박력분 15g
- 아몬드파우더 25g

달걀흰자 40g(대 1알 분량)
꿀 5g
믹스베리(냉동) 40g
녹인 버터 적당량

크렘 샹티이(Creme chantilly)
- 생크림(유지방 함량 47%) 100ml
- 그래뉴당 5g
- 키르슈 1/2t

믹스베리 마리네
- 믹스베리(냉동) 30g
- 그래뉴당 10g
- 레몬즙 1/2t

딸기 3개
민트 잎 적당량

미리 준비하기

- 달걀흰자와 꿀은 실온(약 25℃)에 미리 꺼내둔다.
- 찬물을 담은 큼직한 볼을 준비한다.
- 알이 굵은 믹스베리는 골라내 작게 쪼개 다진다. 마리네로 만들 믹스베리는 다지지 않고 그대로 쓴다.
- 믹스베리 마리네를 만든다. 내열용기에 준비한 재료를 한꺼번에 넣고 가볍게 섞은 다음, 랩을 헐겁게 씌워 전자레인지에 1분간 가열해, 그대로 식힌다 .
- **A**는 일회용 위생봉지에 담고 흔들어서 골고루 섞어준다.
- 녹인 버터를 솔에 묻혀 틀에 꼼꼼하게 바른다.
- 반죽을 굽기 전에, 오븐에 팬을 넣고 220℃로 예열해 둔다.

ⓐ

만드는 법

1. 태운 버터를 만든다. 발효버터를 적당한 크기로 잘라 냄비에 넣고, 실리콘 주걱으로 천천히 저어가며 약불로 데운다. 버터가 녹고 자잘한 거품이 일며, 갈색이 돌기 시작하면 불에서 내려, 찬물이 담긴 볼에 냄비 바닥을 걸쳐 식힌다. 고운체에 내려 20g을 계량하고, 그대로 70℃까지 식힌다.

2. 볼에 그래뉴당과 소금을 넣고 **A**를 체로 쳐가며 넣고, 거품기로 잘 섞어준다.

3. 손가락으로 찔러 가루 한가운데에 구멍을 파고, 그 구멍에 달걀흰자를 살살 흘려 넣는다. 거품기로 가루를 볼 중심에 끌어당긴다는 느낌으로 90회가량 빙글빙글 휘젓는다. 가루가 보이지 않을 때까지 살살 섞어준다.

다음 페이지에 이어짐 >

4 꿀을 넣고 재료가 전체적으로 어우러질 때까지 살살 섞는다.

5 **1**에서 만든 태운 버터를 세 번에 걸쳐 나누어 넣는다. 버터를 넣을 때마다 30~40회(세 번째는 60회가량) 살살 저어서 골고루 섞는다.

6 실리콘 주걱으로 골고루 섞어준다.

7 실리콘 주걱으로 **6**의 반죽을 틀의 80%까지만 채우고 틀을 바닥에 대고 가볍게 쳐서 반죽을 평평하게 만든 다음, 준비한 믹스베리를 골고루 뿌린다.

8 예열한 오븐 팬에 신속하게 틀을 올리고, 200℃로 온도를 내려 10~12분가량 굽는다. 손가락으로 눌렀을 때 적당한 탄력이 느껴지고, 바닥에도 짙은 갈색이 돌면 완성. 틀을 가볍게 친 다음, 이쑤시개 등으로 피낭시에를 꺼내, 식힘망에 올려 식힌다.

9 크렘 샹티이를 만든다. 볼에 생크림과 그래뉴당을 넣고 볼 바닥이 얼음물에 닿도록 걸쳐 식히며 핸드믹서로 거품을 친다. 윤기가 돌며 살짝 되직해지면 핸드믹서 속도를 저속으로 낮추고, 쫀득해질 때까지 거품을 친다. 키르슈를 넣고 생크림을 떴을 때 뿔 모양으로 설 때까지 거품을 친다 ⓑ.

ⓑ

10 솔로 **8**에서 구워낸 피낭시에 표면에 믹스베리 다리네의 마리네액을 얇게 바른다 ⓒ.

11 별모양 깍지를 끼운 짤주머니에 **9**에서 만든 크렘 샹티이를 넣고, 나선형으로 짠다 ⓓ. 물기를 뺀 믹스베리 마리네와 세로로 4등분한 딸기를 얹는다 ⓔ ⓕ. 마지막으로 민트 잎을 올려 장식한다.

ⓒ ⓓ ⓔ ⓕ

Note

• 새하얀 크림과 알록달록한 과일이 어우러져, 눈으로 보는 즐거움이 있다.

• 크렘 샹티이를 스푼 등으로 피낭시에에 올리고 과일을 장식해도 OK. 장식은 취향에 맞게 다채롭게 꾸미면 된다.

망고 & 크림치즈 피낭시에

Financiers à la mangue et fromage à la crème

망고 & 크림치즈
피낭시에

재료(6개 분량)

무염 발효버터 30g

그래뉴당 50g

소금 약간

A

> 박력분 15g
> 아몬드파우더 20g

달걀흰자 40g(대 1알 분량)

꿀 5g

녹인 버터 적당량

크림치즈(큐브) 3개(약 55g)

망고 마리네

> 망고(냉동) 120g
> 민트 잎 약간
> 레몬즙 1/4t

민트 잎 적당량

미리 준비하기

- 달걀흰자, 꿀, 크림치즈는 상온(약 25℃)에 미리 꺼내둔다.

- 망고 마리네를 만든다. 망고는 언 채로 먹기 좋은 크기로 썰고, 굵게 다진 민트 잎에 레몬즙을 넣어 버무리고, 그대로 두어 반냉동 상태를 유지한다.

- 찬물을 담은 큼직한 볼을 준비한다.

- **A**의 재료를 모두 일회용 위생봉지에 담고 흔들어서 골고루 섞어준다.

- 녹인 버터를 솔에 묻혀 틀에 꼼꼼하게 바른다.

- 반죽을 굽기 전에, 오븐에 팬을 넣고 220℃로 예열해 둔다.

만드는 법

1 P.68 '**기본 피낭시에**'의 1~8과 동일하게 진행한다. 다만 1에서 계량하는 태운 버터는 20g으로 맞춘다. 7에서 반죽은 틀의 80%까지만 채운다. 8에서 온도를 200℃로 낮추고 굽는 시간은 9분으로 조절한다.

2 오븐에 구워낸 피낭시에 표면에 크림치즈 1/2개 분량을 스푼으로 펴 바르고, 꿀(분량 외)을 선 모양으로 끼얹고, 망고 마리네를 얹은 다음, 마무리로 민트 잎을 곁들인다.

Note

- 반해동 상태의 망고를 사용해 부드럽고 촉촉한 아이스크림 케이크 느낌을 연출했다.

무화과 & 마롱 크림 피낭시에

Financiers à la figue et crème de marrons

무화과 & 마롱 크림 피낭시에

재료(6개 분량)

무염 발효버터 30g
그래뉴당 50g
소금 약간

A
| 박력분 15g
| 아몬드파우더 20g

달걀흰자 40g(대 1알 분량)
꿀 5g
녹인 버터 적당량
밤조림* 45g

마롱 크림
| 밤 페이스트 50g
| 마스카르포네치즈 30g
| 럼주 1/2t

카시스 퓌레 약간
말린 무화과 1개
피칸(로스트·무염) 약간

미리 준비하기

- 달걀흰자와 꿀은 상온(약 25℃)에 미리 꺼내둔다.
- 밤조림은 잘게 다져둔다.
- 찬물을 담은 큼직한 볼을 준비한다.
- **A**의 재료를 모두 일회용 위생봉지에 담고 흔들어서 골고루 섞어준다.
- 녹인 버터를 솔에 묻혀 틀에 꼼꼼하게 바른다.
- 반죽을 굽기 전에, 오븐에 팬을 넣고 220℃로 예열해 둔다.

만드는 법

1 P.68 '**기본 피낭시에**'의 1~8과 동일하게 진행한다. 다만 1에서 계량하는 태운 버터는 20g으로 맞춘다. 7에서 반죽은 틀의 80%까지만 채운다. 8에서 온도를 200℃로 낮추고 굽는 시간은 12분으로 조절한다.

2 마롱 크림을 만든다. 볼에 밤 페이스트를 넣고 실리콘 주걱으로 으깨가며 마스카르포네치즈, 럼주를 순서대로 넣어 섞고, 각 재료를 넣을 때마다 전체적으로 어우러질 때까지 잘 섞어준다.

3 솔로 1에서 구워낸 피낭시에 표면에 카시스 퓌레를 얇게 바른다.

4 별모양 깍지를 끼운 짤주머니에 2에서 만든 마롱 크림을 넣고 1에서 구운 피낭시에 표면에 짤주머니 끝을 대고 나선형으로 짜준다. 얇게 썬 말린 무화과를 얹고, 남은 피칸이 있으면 곱게 빻아 뿌린다.

Note

- 크리스마스 정취를 느낄 수 있는 '몽블랑 케이크'를 연상시킨다.
- 크림 짜는 법은 P.85 '**믹스베리 마리네 피낭시에**'와 동일하다.

---

* '밤조림'은 인터넷 쇼핑몰에서 '보늬밤', '내피밤' 등의 제품명으로 검색하면 구입할 수 있지만 주로 업소용으로 포장 단위가 크다. 식감은 조금 떨어지지만 '밤다이스 통조림'으로도 대체 가능하다. 번거롭지만 시판 제품 대신 밤조림을 직접 만들 수도 있다.

딸기 & 피스타치오 피낭시에

딸기 & 피스타치오 피낭시에

Financiers aux fraises et pistaches

재료(6개 분량)

무염 발효버터 30g

A

| 박력분 15g
| 피스타치오 35g
| 슈거파우더 40g
| 소금 약간

달걀흰자 40g(대 1알 분량)
꿀 15g
키르슈 적당량
녹인 버터 적당량
곱게 다진 피스타치오(로스트) 적당량
딸기(소) 12개
살구잼 적당량

ⓐ   ⓑ

Note

• 고소하게 구워낸 피스타치오 풍미의
반죽에 상큼한 딸기가 어우러져 입맛
을 돋운다.

미리 준비하기

• 달걀흰자와 꿀은 상온(약 25℃)에 미리 꺼내둔다.

• 발효버터를 적당한 크기로 잘라 볼에 담아 중탕하며 실리콘 주걱으로 저어가며 녹여
70℃ 정도까지 데운다.

• **A**의 피스타치오는 푸드프로세서로 분쇄해 가루 상태로 만든다. **A**는 일회용 위생봉지에
담고 흔들어서 골고루 섞어준다.

• 녹인 버터를 솔에 묻혀 틀에 꼼꼼하게 바른다.

• 반죽을 굽기 전에, 오븐에 팬을 넣고 220℃로 예열해 둔다.

만드는 법

1 볼에 **A**를 체에 쳐서 담는다.

2 손가락으로 가루 한가운데에 구멍을 파고, 그 구덩에 달걀흰자를 살살 흘려 넣는다.
거품기로 가루를 볼 중심에 끌어당긴다는 느낌으로 90회가량 빙글빙글 휘젓는다.
가루가 보이지 않을 때까지 살살 섞어준다.

3 꿀을 넣고 재료가 전체적으로 어우러질 때까지 살살 섞는다.

4 녹인 버터를 세 번에 걸쳐 나누어 넣는다. 버터를 넣을 때마다 30~40회(세 번째는
60회가량) 살살 저어서 골고루 섞는다.

5 키르슈 1/2t를 넣고 실리콘 주걱으로 골고루 섞어준다.

6 실리콘 주걱으로 **5**를 마친 반죽을 틀의 80%까지만 채우고 틀을 바닥에 대고 가볍게
쳐서 반죽을 평평하게 만든 다음, 미리 곱게 다져둔 피스타치오를 솔솔 뿌린다.

7 예열한 오븐 팬에 신속하게 틀을 올리고, 200℃로 온도를 내려 9분가량 굽는다.
손가락으로 눌렀을 때 적당한 탄력이 느껴지고, 바닥에도 짙은 갈색이 돌면 완성. 틀을
가볍게 친 다음, 이쑤시개 등으로 피낭시에를 꺼내, 식힘망에 올려 식힌다.

8 솔로 **7**을 거친 피낭시에 표면에 키르슈를 얇게 바른다ⓐ.

9 내열 용기에 살구잼을 담아 전자레인지에 40초 ͘ 량 가열해 살짝 데운 다음, 붓으로 **8**을
완료한 피낭시에 표면에 바른다.

10 세로로 반으로 자른 딸기를 살구잼에 적셔ⓑ, **9**를 마친 피낭시에 위에 올린다.
고운체에 내린 슈거파우더(분량 외)를 솔솔 뿌리고 피스타치오(로스트)를 적당량(분량
외) 곁들인다.

초콜릿
피낭시에 데세르

농후한 초콜릿 크림과 견과류,
허브 등 다양한 재료와의 조합을
즐겨요!

아몬드 & 밀크 초콜릿 피낭시에

오렌지 마리네 & 화이트 초콜릿 크림 피낭시에

아몬드 & 밀크 초콜릿 크림 피낭시에

Financiers à l'amande et crème au chocolat au lait

재료(6개 분량)

무염 발효버터 35g
그래뉴당 45g
소금 약간

A
　박력분 12g
　아몬드파우더 25g
　코코아파우더 8g
　베이킹파우더 1/6t

달걀흰자 40g(대 1알 분량)
꿀 5g
아몬드 다이스(로스트) 15g
녹인 버터 적당량

밀크 초콜릿 크림
　생크림(유지방 함량 35%) 60*ml*
　커버춰 초콜릿(밀크) 40g
　꿀 10g
　레몬즙 1t
　쿠앵트로 1/2t

쿠앵트로 적당량
레몬 껍질 적당량

미리 준비하기

• 달걀흰자와 꿀은 상온(약 25℃)에 미리 꺼내둔다.

• 찬물을 담은 큼직한 볼을 준비한다.

• **A**는 일회용 위생봉지에 담고 흔들어서 골고루 섞어준다.

• 녹인 버터를 솔에 묻혀 틀에 꼼꼼하게 바른다.

• 반죽을 굽기 전에, 오븐에 팬을 넣고 220℃로 예열해 둔다.

만드는 법

1　태운 버터를 만든다. 발효버터를 적당한 크기로 잘라 냄비에 넣고, 실리콘 주걱으로 천천히 저어가며 약불로 데운다. 버터가 녹고 자잘한 거품이 일며, 갈색이 돌기 시작하면 불에서 내려, 찬물이 담긴 볼에 냄비 바닥을 걸쳐 식힌다. 고운체에 내려 25g을 계량하고, 그대로 50℃까지 식힌다.

2　볼에 그래뉴당과 소금을 넣고 **A**를 체에 쳐서 더한 다음, 거품기로 잘 섞어준다.

3　손가락으로 가루 한가운데에 구멍을 파고, 그 구멍에 달걀흰자를 살살 흘려 넣는다. 거품기로 가루를 볼 중심에 끌어당긴다는 느낌으로 90회가량 빙글빙글 휘젓는다. 가루가 보이지 않을 때까지 살살 섞어준다.

4　꿀을 넣고 재료가 전체적으로 어우러질 때까지 살살 섞는다.

5　태운 버터를 세 번에 걸쳐 나누어 넣는다. 버터를 넣을 때마다 30~40회(세 번째는 60회가량) 살살 저어서 골고루 섞는다.

6　실리콘 주걱으로 골고루 섞어준다.

7　실리콘 주걱으로 **6**을 마친 반죽을 틀의 80%까지만 채우고 틀을 바닥에 대고 가볍게 쳐서 반죽을 평평하게 만든 다음, 아몬드 다이스를 뿌린다.

8　예열한 오븐 팬에 신속하게 틀을 올리고, 200℃로 온도를 내려 11분가량 굽는다. 손가락으로 눌렀을 때 적당한 탄력이 느껴지고, 바닥에도 짙은 갈색이 돌면 완성. 틀을 가볍게 친 다음, 이쑤시개 등으로 피낭시에를 꺼내, 식힘망에 올려 식힌다.

9　밀크 초콜릿 크림을 만든다. 작은 냄비에 생크림을 넣고 약불로 데우다가, 끓어오르기 직전에 불에서 내린다.

10 볼에 커버춰 초콜릿과 꿀, **9**를 넣고ⓐ, 거품기로 윤기가 돌 때까지 젓는다ⓑ. 어느 정도 되직해지면 레몬즙과 쿠앵트로를 넣고 다시 섞어준 다음, 그대로 두어 여열을 식힌다.

11 볼 바닥을 얼음물에 걸치고 핸드믹서로 가볍게 뿔이 생길 때까지 거품을 낸다ⓒ.

12 솔로 **8**을 완료한 피낭시에 표면에 쿠앵트로를 얇게 바른다.

13 생토노레용 깍지*를 끼운 짤주머니에 **11**에서 만든 밀크 초콜릿 크림을 넣고, **12**를 거친 피낭시에 표면에 똑바로 들고 깍지 끝을 물결 모양으로 움직여가며 짠다ⓓ. 아몬드 다이스를 적당량(분량 외) 뿌리고ⓔ, 레몬 껍질을 갈아 솔솔 뿌려준다ⓕ.

| ⓐ | ⓑ | ⓒ |
| ⓓ | ⓔ | ⓕ |

Note

• 아몬드와 밀크초콜릿은 환상의 짝! 절묘하게 어우러져 고급스러운 맛을 완성한다. 마무리로 뿌린 레몬 껍질이 상큼한 맛을 더한다.

---

* Saint-honoré , 국내에서는 '쉬폰'깍지라고 부른다.

오렌지 마리네 & 화이트 초콜릿 크림 피낭시에

Financiers à l'orange marinés et crème au chocolat blanc

재료(6개 분량)

무염 발효버터 30g
그래뉴당 50g
소금 약간

A
　박력분 15g
　아몬드파우더 20g

달걀흰자 40g(대 1알 분량)
꿀 ⓐ 5g
녹인 버터 적당량

화이트 초콜릿 크림
　생크림(유지방 함량 47%) 100㎖
　커버춰 초콜릿(화이트) 45g

오렌지 마리네
　오렌지 1개
　꿀 10g
　레몬즙 1/2t
　로즈마리 1~2줄기

블루베리 18알
슈거파우더 적당량

미리 준비하기

• 달걀흰자와 꿀은 상온(약 25℃)에 미리 꺼내둔다.

• 오렌지 마리네를 만든다. 오렌지는 껍질을 벗겨 한 알씩 떼어내고, 꿀과 레몬즙, 로즈마리와 함께 볼에 넣고 섞는다. 랩을 씌워 냉장실에서 하룻밤 숙성시킨다 ⓑ. 사용하기 전에 상온에 꺼내 온도를 맞추고 물기가 생겼으면 빼고, 2~3등분한다.

• 찬물을 담은 큼직한 볼을 준비한다.

• **A**는 일회용 위생봉지에 담고 흔들어서 골고루 섞어준다.

• 녹인 버터를 솔에 묻혀 틀에 꼼꼼하게 바른다.

• 반죽을 굽기 전에, 오븐에 팬을 넣고 220℃로 예열해 둔다.

ⓑ

만드는 법

1　태운 버터를 만든다. 발효버터를 적당한 크기로 잘라 냄비에 넣고, 실리콘 주걱으로 천천히 저어가며 약불로 데운다. 버터가 녹고 자잘한 거품이 일며, 갈색이 돌기 시작하면 불에서 내려, 찬물이 담긴 볼에 냄비 바닥을 걸쳐 식힌다. 고운체에 내려 20g을 계량하고, 그대로 70℃까지 식힌다.

2　볼에 그래뉴당과 소금을 담고 **A**를 체에 내려가며 더하고, 거품기로 잘 섞는다.

3　손가락으로 가루 한가운데에 구멍을 파고, 그 구멍에 달걀흰자를 살살 흘려 넣는다. 거품기로 가루를 볼 중심에 끌어당긴다는 느낌으로 90회가량 빙글빙글 휘젓는다. 가루가 보이지 않을 때까지 살살 섞어준다.

4 꿀을 넣고 재료가 전체적으로 어우러질 때까지 살살 섞는다.

5 태운 버터를 세 번에 걸쳐 나누어 넣는다. 버터를 넣을 때마다 30~40회(세 번째는 60회가량) 살살
   저어서 골고루 섞는다. 반죽을 떨어뜨렸을 때 쌓였다가 바로 사라지는 정도가 되면 OK.

6 실리콘 주걱으로 골고루 섞어준다.

7 실리콘 주걱으로 6까지 완료한 반죽을 틀의 80%까지만 채우고 틀을 바닥에 대고 가볍게 쳐서
   반죽을 평평하게 만든다.

8 예열한 오븐 팬에 신속하게 틀을 올리고, 200℃로 온도를 내려 9분가량 굽는다. 손가락으로 눌렀을
   때 적당한 탄력이 느껴지고, 바닥에도 짙은 갈색이 돌면 완성. 틀을 가볍게 친 다음, 이쑤시개 등으로
   피낭시에를 꺼내, 식힘망에 올려 식힌다.

9 화이트 초콜릿 크림을 만든다. 작은 냄비에 생크림을 넣고 약불로 데우다가 끓어오르기 직전에
   불에서 내린다.

10 볼에 커버춰 초콜릿을 넣고 9를 거친 생크림을 붓고, 거품기로 윤기가 돌 때까지 섞는다. 그대로
   두어 여열을 식힌다.

11 볼 바닥을 얼음물에 대고 핸드믹서를 고속으로 돌려 거품을 낸다. 윤기가 돌기 시작하면
   핸드믹서를 저속으로 낮추고, 뿔이 생길 때까지 거품을 친다. 화이트 초콜릿 크림 완성.

12 별모양 깍지를 끼운 짤주머니에 11에서 만든 화이트 초콜릿 크림을 넣고, 8을 완료한 피낭시에
   표면에 물결 모양으로 짠다. 오렌지 마리네와 고운체에 내린 슈거파우더를 뿌린 블루베리를 얹는다.

Note

- 꿀은 'Lune de Miel'의 '오렌지 블러섬' 등, 오렌지꽃에서 채취한 오렌지꿀이 잘 어울린다.
- 은은하게 감도는 로즈마리 향기가 싱그러운 오렌지 마리네와 어우러져 매력적인 풍미를 자아낸다.

서양배 & 바닐라 아이스크림 피낭시에

Financiers avec glace vanille et poires

서양배 & 바닐라 아이스크림
피낭시에

재료(6개 분량)

무염 발효버터 35g
그래뉴당 45g
소금 약간

A

박력분 12g
아몬드파우더 25g
코코아파우더 8g
베이킹파우더 1/6t

달걀흰자 40g(대 1알 분량)
꿀 5g
아몬드 슬라이스 10g
녹인 버터 적당량
서양배(통조림)* 반으로 자른 것 3개
바닐라 아이스크림 적당량
초콜릿 소스(시판 제품) 적당량
홍차 찻잎(얼그레이) 약간

미리 준비하기

• 달걀흰자와 꿀은 상온(약 25℃)에 미리 꺼내둔다.

• 찬물을 담은 큼직한 볼을 준비한다.

• 서양배는 4등분해 반달 모양으로 썬다 ⓐ.

• 홍차 찻잎은 랩으로 싸서 밀방망이 등으로 밀어서 으깬다.

• **A**는 일회용 위생봉지에 담고 흔들어서 골고루 섞어준다.

• 녹인 버터를 솔에 묻혀 틀에 꼼꼼하게 바른다.

• 반죽을 굽기 전에, 오븐에 팬을 넣고 220℃로 예열해 둔다.

만드는 법

1 P.73 '**초콜릿 피낭시에**'의 1~6과 동일하게 만든다.

2 실리콘 주걱으로 **1**을 마친 피낭시에 반죽을 틀의 80%까지만 채우고 틀을 바닥에 대고 가볍게 쳐서 반죽을 평평하게 만든 다음, 아몬드 슬라이스를 뿌린다 ⓑ.

3 예열한 오븐 팬에 신속하게 틀을 올리고, 200℃로 온도를 내려 11분가량 굽는다. 손가락으로 눌렀을 때 적당한 탄력이 느껴지고, 바닥에도 짙은 갈색이 돌면 완성. 틀을 가볍게 친 다음, 이쑤시개 등으로 피낭시에를 꺼내, 식힘망에 옮려 식힌다.

4 **3**을 완료한 피낭시에 위에 서양배 두 조각과 바닐라 아이스크림을 얹고, 초콜릿 소스를 끼얹고, 홍차 찻잎을 뿌린다.

Note

• 디저트의 교본과 같은 피낭시에 데세르! 살짝 쌉싸름한 카카오 반죽에 달콤한 서양배와 아이스크림을 곁들여 다양한 맛과 질감을 즐길 수 있다.

• 서양배 대신 바나나로 만들어도 맛있다.

---

* 서양배는 인터넷 쇼핑몰에 '서양배', '조제배' 등으로 검색하면 통조림 제품을 구입할 수 있다. 미니 사이즈와 하프 사이즈가 있는데 레시피에서는 하프 사이즈 통조림을 사용한다. 통조림 겉면에 'halves'라는 표기를 확인하고 구입한다.

민트 초콜릿 피낭시에

Financiers chocolat à la menthe

민트 초콜릿 피낭시에

재료(6개 분량)

무염 발효버터 35g
그래뉴당 45g
소금 약간

A

박력분 12g
아몬드파우더 25g
코코아파우더 8g
베이킹파우더 1/6t

달걀흰자 40g(대 1알 분량)
꿀 5g
녹인 버터 적당량

민트 초콜릿 가나슈

커버춰 초콜릿(스위트) 40g
생크림(유지방 함량 35%) 60ml
민트 잎 5g
무염버터 10g

민트 잎 적당량

미리 준비하기

• 달걀흰자와 꿀은 상온(약 25℃)에 미리 꺼내둔다.

• 찬물을 담은 큼직한 볼을 준비한다.

• A는 일회용 위생봉지에 담고 흔들어서 골고루 섞어준다.

• 녹인 버터를 솔에 묻혀 틀에 꼼꼼하게 바른다.

• 반죽을 굽기 전에, 오븐에 팬을 넣고 220℃로 예열해 둔다.

만드는 법

1 P.73 '**초콜릿 피낭시에**'의 1~6과 동일하게 만든다.

2 실리콘 주걱으로 **1**을 완료한 반죽을 틀의 80%까지만 채우고 틀을 바닥에 대고 가볍게 쳐서 반죽을 평평하게 만든다.

3 예열한 오븐 팬에 신속하게 틀을 올리고, 200℃로 온도를 내려 11분가량 굽는다. 손가락으로 눌렀을 때 적당한 탄력이 느껴지고, 바닥에도 짙은 갈색이 돌면 완성. 틀을 가볍게 친 다음, 이쑤시개 등으로 피낭시에를 꺼내, 식힘망에 올려 식힌다.

4 민트 초콜릿 가나슈를 만든다. 작은 냄비에 생크림을 넣고 약불로 데우다가, 끓어오르기 직전에 불에서 내린 다음, 민트 잎을 넣고 한 차례 섞는다. 그대로 20분가량 둔다.

5 작은 냄비를 다시 약불로 가열하다 끓어오르기 직전에 불에서 내린다.

6 볼에 커버춰 초콜릿을 넣고 **5**에서 데운 생크림을 체에 내려가며 붓는다. 거품기로 윤기가 돌 때까지 섞어준다. 다시 버터를 넣고 섞은 다음 그대로 여열을 식힌다.

7 볼 바닥을 얼음물에 걸치고 실리콘 주걱으로 끈기가 생길 때까지 섞는다. 민트 초콜릿 가나슈 완성.

8 짤주머니에 **7**에서 만든 민트 초콜릿 가나슈를 넣고, 짤주머니 앞을 1mm가량 자른다. **3**을 완료한 피낭시에 표면에 비스듬하게 들고 짠다. 짤주머니 앞을 다시 5mm가량 잘라, 귀퉁이에 둥글게 짠 다음, 민트 잎을 올린다.

Note
• 마니아들의 사랑을 받는 민트 초콜릿! 달짝지근한 초콜릿 맛에 청량한 뒷맛이 남아 입안을 상쾌하게 만들어주는 마법 같은 피낭시에다. • 6에서 생크림을 체에 거를 때, 민트 잎을 스푼 등으로 눌러 으깨서, 민트의 풍미를 진하게 우려낸다.

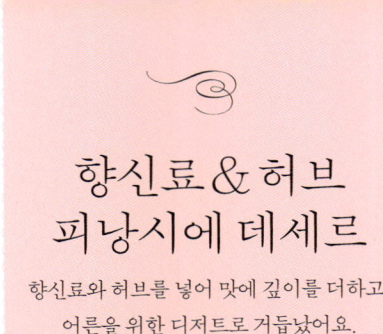

향신료 & 허브
피낭시에 데세르

향신료와 허브를 넣어 맛에 깊이를 더하고,
어른을 위한 디저트로 거듭났어요.

진저 캐러멜 &
마스카르포네 크림
피낭시에

진저 캐러멜 & 마스카르포네 크림 피낭시에

Financiers à la caramel au gingembre

재료(6개 분량)

무염 발효버터 30g
그래뉴당 50g
소금 약간

A
⌐ 박력분 15g
└ 아몬드파우더 20g

달걀흰자 40g(대 1알 분량)
꿀 5g
오렌지필 4조각
아몬드 슬라이스 10g
녹인 버터 적당량
쿠앵트로 적당량

마스카르포네 크림

⌐ 마스카르포네 치즈 50g
│ 생크림(유지방 함량 35%) 15㎖
└ 그래뉴당 5g

진저 캐러멜

⌐ 그래뉴당 100g
│ 생크림(유지방 함량 35%) 60㎖
│ 생강(껍질 벗긴 것) 10g
└ 무염버터 5g

Note

- 마스카르포네 크림은 스푼 2개를 사용해 모양을 잡으면 전문가의 솜씨를 따라잡을 수 있다.
- 진저 캐러멜이 남으면 냉장실에 보관한다. 사용하기 전에 전자레인지에 살짝 데운다. 따뜻한 우유에 넣거나, 팬케이크 등에 뿌려 먹어도 잘 어울린다.

미리 준비하기

- 달걀흰자와 꿀은 상온(약 25℃)에 미리 꺼내둔다.
- 오렌지필은 잘게 다진다. (장식용으로 사용할 오렌지필도 곱게 다져둔다.)
- 찬물을 담은 큼직한 볼을 준비한다.
- **A**는 일회용 위생봉지에 담고 흔들어서 골고루 섞어준다.
- 녹인 버터를 솔에 묻혀 틀에 꼼꼼하게 바른다.
- 반죽을 굽기 전에, 오븐에 팬을 넣고 220℃로 예열해 둔다.

만드는 법

1 P.68 '**기본 피낭시에**'의 1~8과 동일하게 만든다. 다만 1에서 계량한 태운 버터는 20g으로 맞춘다. 7에서 반죽은 틀의 80%까지만 채우고, 표면에 오렌지필과 아몬드 슬라이스를 뿌린다. 8에서 온도를 200℃로 낮추어 9분가량 굽는다.

2 마스카르포네 크림을 만든다. 볼에 마스카르포네 치즈를 넣고 거품기로 풀어준 다음, 생크림과 그래뉴당을 넣고 잘 섞어준다.

3 진저 캐러멜을 만든다. 생강은 밀방망이로 가볍게 두드려 조직을 연하게 만든다. 작은 냄비에 생크림과 생강을 넣고 약불로 데우다 끓어오르기 직전에 볼에 옮겨 담고, 랩을 씌워 20분가량 둔다.

4 프라이팬에 그래뉴당을 넣고 센불로 끓이며 실리콘 주걱으로 눌러붙거나 덩어리가 생기거나 엉기지 않도록 잘 저어가며 녹인다. 살짝 갈색이 돌면 약불로 낮추고, 진한 갈색이 돌면 불에서 내려, 찬물이 담긴 볼에 프라이팬 바닥을 걸쳐 식힌다.

5 3에서 만든 진저 캐러멜을 약불로 가열해 사람 체온 정도로 따뜻하게 데우고, 체에 내려가며 4의 프라이팬에 3~4번에 걸쳐 나누어 넣고, 재료를 넣을 때마다 거품기로 고루 섞는다.

6 버터를 넣고 전체적으로 어우러질 때까지 섞는다. 프라이팬 바닥을 얼음물에 대고 차갑게 식을 때까지 실리콘 주걱으로 섞어준다. 진저 캐러멜 완성.

7 솔로 1에서 만든 피낭시에 표면에 쿠앵트로를 얇게 바른다.

8 2를 거친 마스카르포네 크림을 스푼으로 떠서 얹고, 6에서 완성한 진저 캐러멜을 스푼으로 실 모양으로 돌려가며 끼얹고, 잘게 다진 오렌지필을 적당량(분량 외) 장식으로 얹는다.

바나나 소테 & 달곰쑵쓸 초콜릿 크림 피낭시에

Financiers à la crème au chocolat épicée et bananes sautées

바나나 소테 & 달곰쑵쓸 초콜릿 크림
피낭시에

재료(6개 분량)

무염 발효버터 30g
그래뉴당 50g
소금 약간

A
  박력분 15g
  아몬드파우더 20g

달걀흰자 40g(대 1알 분량)
꿀 5g
녹인 버터 적당량

바나나 소테
  바나나 2와 1/2개
  무염버터 2t
  그래뉴당 약간
  다진 생강 약간

달콤쌉쌀 초콜릿 크림
  생크림(유지방 함량 35%) 80㎖
  커버춰 초콜릿(밀크) 40g
  꿀 5g
  카다몬파우더 2~3꼬집
  정향 가루 2~3꼬집

캐러멜 비스킷(시판 제품) 적당량
통후춧가루 적당량
민트 잎 적당량

미리 준비하기

• 달걀흰자와 꿀은 상온(약 25℃)에 미리 꺼내둔다.

• 바나나 소테에 넣을 바나나는 반으로 자른다.(반 개짜리는 굳이 자를 필요 없다.) 반으로
  자른 바나나는 다시 세로로 반으로 가른다.

• 찬물을 담은 큼직한 볼을 준비한다.

• **A**는 일회용 위생봉지에 담고 흔들어서 골고루 섞어준다.

• 녹인 버터를 솔에 묻혀 틀에 꼼꼼하게 바른다.

• 반죽을 굽기 전에, 오븐에 팬을 넣고 220℃로 예열해 둔다.

만드는 법

1 P.68 '**기본 피낭시에**'의 1~8과 동일하게 만든다. 다만 1에서 계량한 태운 버터는
  20g으로 맞춘다. 7에서 반죽은 틀의 80퍼센트까지만 채운다. 8에서는 온도를 200℃로
  낮추어 9분가량 굽는다.

2 바나나 소테를 만든다. 프라이팬에 버터, 그래뉴당, 다진 생강을 넣고 중불로 끓이다,
  버터가 녹으면 바나나를 넣어 양면에 갈색이 돌 때까지 익히고 불에서 내려 식힌다.

3 달콤쌉쌀 초콜릿 크림을 만든다. 작은 냄비에 생크림을 넣고 약불로 데우다,
  끓어오르기 직전에 불에서 내린다.

4 볼에 커버춰 초콜릿, 꿀, 3에서 데운 생크림을 붓고 거품기로 윤기가 돌 때까지
  저어준다. 카다몬파우더와 정향 가루를 넣고 잘 섞은 다음, 그대로 여열을 식힌다.

5 볼 바닥을 얼음물에 대고 핸드믹서를 고속으로 돌려 거품을 낸다. 윤기가 돌면
  핸드믹서를 저속으로 낮추고 가볍게 뿔이 생길 때까지 거품을 낸다. 달콤쌉쌀 초콜릿
  크림 완성.

6 둥근 깍지를 끼운 짤주머니에 5에서 만든 달콤쌉쌀 초콜릿 크림을 넣고, 1에서 완성한
  피낭시에 표면에 물결 모양으로 짠다. 2에서 완성한 바나나 소테를 얹고 손으로 잘게
  부순 캐러멜 비스킷과 통후춧가루를 뿌리고, 민트 잎을 곁들인다.

Note

• 바나나와 초콜릿에 향신료를 더해 농후한 감칠맛을 내는 어른을 위한 고품격 디저트다.

어른을 위한
피낭시에 데세르

알싸한 술 내음이 나는 피낭시에에
고급스러운 재료를
넉넉하게 올렸어요!

티라미수 피낭시에

그리오트 마리네
& 말차 초콜릿 크림
피낭시에

티라미수 피낭시에

Financiers façon tiramisu

재료(6개 분량)

무염 발효버터 30g
그래뉴당 50g
소금 약간

A
박력분 15g
아몬드파우더 20g

달걀흰자 40g(대 1알 분량)
꿀 5g
호두(로스트 · 무염) 20g
녹인 버터 적당량

커피 시럽
인스턴트 커피 1t
끓인 물 1t
그래뉴당 5g
위스키 1t

마스카르포네 크림
마스카르포네 치즈 60g
그래뉴당 5g

판 초콜릿(비터) 18조각
코코아파우더 적당량

미리 준비하기

- 달걀흰자와 꿀은 상온(약 25℃)에 미리 꺼내둔다.

- 호두는 굵게 다져둔다.

- 커피 시럽 재료는 한데 섞어둔다.

- 찬물을 담은 큼직한 볼을 준비한다.

- **A**는 일회용 위생봉지에 담고 흔들어서 골고루 섞어준다.

- 녹인 버터를 솔에 묻혀 틀에 꼼꼼하게 바른다.

- 반죽을 굽기 전에, 오븐에 팬을 넣고 220℃로 예열해 둔다.

만드는 법

1 태운 버터를 만든다. 발효버터를 적당한 크기로 잘라 냄비에 넣고, 실리콘 주걱으로 천천히 저어가며 약불로 데운다. 버터가 녹고 자잘한 거품이 일며, 갈색이 돌기 시작하면 불에서 내려, 찬물이 담긴 볼에 냄비 바닥을 걸쳐 식힌다. 고운체에 내려 20g을 계량하고, 그대로 70℃까지 식힌다.

2 볼에 그래뉴당과 소금을 담고 **A**를 체에 내려가며 더하고, 거품기로 잘 섞는다.

3 손가락으로 가루 한가운데에 구멍을 파고, 그 구멍에 달걀흰자를 살살 흘려 넣는다. 거품기로 가루를 볼 중심에 끌어당긴다는 느낌으로 90회가량 빙글빙글 휘젓는다. 가루가 보이지 않을 때까지 살살 섞어준다.

4 꿀을 넣고 재료가 전체적으로 어우러질 때까지 살살 섞는다.

5 태운 버터를 세 번에 걸쳐 나누어 넣는다. 버터를 넣을 때마다 30~40회(세 번째는 60회가량) 살살 저어서 골고루 섞는다. 반죽을 떨어뜨렸을 때 쌓였다가 바로 사라지는 정도가 되면 OK.

6 실리콘 주걱으로 골고루 섞어준다.

7 실리콘 주걱으로 **6**까지 완료한 반죽을 틀의 80퍼센트까지 차도록 흘려 붓고, 틀을 바닥에 대고 가볍게 쳐서 반죽을 평평하게 만든 다음, 준비한 호두를 얹는다.

8 예열한 오븐 팬에 신속하게 틀을 올리고, 200℃로 온도를 내려 12분가량 굽는다. 손가락으로 눌렀을 때 적당한 탄력이 느껴지고, 바닥에도 짙은 갈색이 돌면 완성. 틀을 가볍게 친 다음, 이쑤시개 등으로 피낭시에를 꺼내, 식힘망에 올려 식힌다.

9 마스카르포네 크림을 만든다. 볼에 마스카르포네 치즈를 넣고 거품기로 부드럽게 풀어가며 그래뉴당을 넣고 섞는다.

10 솔로 **8**에서 구워낸 피낭시에 표면에 커피 시럽을 바른다ⓐ. 스푼으로 **9**에서 완성한 마스카르포네 크림을 펴 바르고ⓑ, 초콜릿을 세 조각씩 얹고ⓐ, 코코아파우더를 고운체에 쳐서 뿌린다ⓒ.

ⓐ ⓑ ⓒ

Note

• 깜찍한 핑거푸드 스타일로 즐기는 티라미수! 피낭시에와 크림, 초콜릿을 한입에 즐길 수 있다.

• 커피 시럽에 넣는 위스키는 취향에 따라 넣거나 생략할 수 있다.

그리오트 마리네 & 말차 초콜릿 크림 피낭시에

Financiers au thé vert matcha et griottes

재료(6개 분량)

무염 발효버터 30g
그래뉴당 50g
소금 약간

A
- 박력분 15g
- 아몬드파우더 20g

달걀흰자 40g(대 1알 분량)
꿀 5g

그리오트 마리네
- 그리오트(통조림)*ⓐ 6개
- 키르슈 1t

녹인 버터 적당량

말차 화이트 초콜릿 크림
- 말차파우더 2g
- 생크림(유지방 함량 47%) 100ml
- 커버춰 초콜릿(화이트) 45g

키르슈 적당량
슈거파우더 적당량
아몬드 슬라이스(로스트) 적당량

ⓐ

미리 준비하기

- 그리오트 마리네를 만든다. 그리오트는 반으로 자르고, 그래뉴당과 키르슈와 함께 볼에 넣고 섞는다ⓑ. 랩을 씌워 냉장실에서 하룻밤 숙성한다. 사용하기 전에 실온에 미리 꺼내고 물기를 제거한다.

- 달걀흰자와 꿀은 상온(약 25℃)에 미리 꺼내둔다.

- 찬물을 담은 큼직한 볼을 준비한다.

- **A**는 일회용 위생봉지에 담고 흔들어서 골고루 섞어준다.

- 녹인 버터를 솔에 묻혀 틀에 꼼꼼하게 바른다.

- 반죽을 굽기 전에, 오븐에 팬을 넣고 220℃로 예열해 둔다.

ⓑ

만드는 법

1 태운 버터를 만든다. 발효버터를 적당한 크기로 잘라 냄비에 넣고, 실리콘 주걱으로 천천히 저어가며 약불로 데운다. 버터가 녹고 자잘한 거품이 일며, 갈색이 돌기 시작하면 불에서 내려, 찬물이 담긴 볼에 냄비 바닥을 걸쳐 식힌다. 고운체에 내려 20g을 계량하고, 그대로 70℃까지 식힌다.

2 볼에 그래뉴당과 소금을 담고 **A**를 체에 내려가며 더하고, 거품기로 잘 섞는다.

3 손가락으로 가루 한가운데에 구멍을 파고, 그 구멍에 달걀흰자를 살살 흘려 넣는다. 거품기로 가루를 볼 중심에 끌어당긴다는 느낌으로 90회가량 빙글빙글 휘젓는다. 가루가 보이지 않을 때까지 살살 섞어준다.

---

* Griotte, 체리의 일종으로 신맛이 강하다.

4 꿀을 넣고 재료가 전체적으로 어우러질 때까지 살살 섞는다.

5 태운 버터를 세 번에 걸쳐 나누어 넣는다. 버터를 넣을 때마다 30~40회(세 번째는 60회가량) 살살 저어서 골고루 섞는다. 반죽을 떨어뜨렸을 때 쌓였다가 바로 사라지는 정도가 되면 OK.

6 실리콘 주걱으로 재료가 전체적으로 어우러지도록 골고루 섞어준다.

7 실리콘 주걱으로 **6**까지 완료한 반죽을 틀의 80%까지 차도록 흘려 붓고, 틀을 바닥에 대고 가볍게 쳐서 반죽을 평평하게 만든 다음, 그리오트를 두 조각씩 얹는다ⓒ.

8 예열한 오븐 팬에 신속하게 틀을 올리고, 200℃로 온도를 내려 12분가량 굽는다. 손가락으로 눌렀을 때 적당한 탄력이 느껴지고, 바닥에도 짙은 갈색이 돌면 완성. 틀을 가볍게 친 다음, 이쑤시개 등으로 피낭시에를 꺼내, 식힘망에 올려 식힌다.

9 말차 화이트 초콜릿 크림을 만든다. 고운체에 말차를 내려 볼에 담고, 생크림을 약간 넣고 거품기로 가루가 뭉치지 않도록 주의하며 쉬으며, 커버춰 초콜릿을 넣는다.

10 작은 냄비에 남은 생크림을 넣고 약불로 데우다, 끓어오르기 직전에 **9**의 말차 화이트 초콜릿 크림을 볼에 넣고, 거품기로 윤기가 돌 때까지 섞는다. 그대로 여열을 식힌다.

11 볼 바닥을 얼음물에 대고 핸드믹서를 고속으로 돌려 거품을 낸다. 윤기가 돌면 핸드믹서를 저속으로 낮추고 가볍게 뿔이 생길 때까지 거품을 낸다. 말차 화이트 초콜릿 크림 완성.

12 붓으로 **8**에서 구워낸 피낭시에 표면에 키르슈를 얇게 바른다.

13 쉬폰용 깍지를 끼운 짤주머니에 **11**에서 완성한 말차 화이트 초콜릿 크림을 넣고, 비스듬하게 네 줄씩 짠다ⓓ. 고운체를 이용해 슈거파우더와 말차파우더 적당량(분량 외)을 뿌리고, 아몬드 슬라이스를 얹는다.

Note

• 말차향이 나는 화이트 초콜릿과 새콤달콤한 그리오트가 서로의 맛을 극대화시킨다.

짭짤한 살레로
입맛 돋우기

짭짤한 피낭시에와
와인을 함께 즐기며
우아한 저녁을 보내세요.

베이컨 & 구운 채소
피낭시에

연어
피낭시에

양파 & 커민
피낭시에

단호박 & 옥수수
피낭시에

베이컨 & 구운 채소 피낭시에

Financiers salés au bacon et aux légumes grillés

재료(6개 분량)

무염 발효버터 45g
그래뉴당 5g
소금 1/4t

A
> 박력분 20g
> 아몬드파우더 30g
> 베이킹파우더 1/4t

달걀흰자 60g(중 2알 분량)
다진 마늘 약간
녹인 버터 적당량
모차렐라 치즈* 1/2개
베이컨(슬라이스) 1장
파프리카(빨강) 1/6개
그린 아스파라거스 2줄기
방울토마토 6개
올리브 오일 약간
통후춧가루(레드)(없으면 고춧가루로 대체)
약간

Note

• 부드럽게 녹아내린 모차렐라 치즈에 불 맛을
 살려 구운 채소가 식욕을 자극한다.
• 가지와 버섯 등 제철채소로도 즐길 수 있다.

미리 준비하기

• 달걀흰자와 꿀은 상온(약 25℃)에 미리 꺼내둔다.

• 발효버터를 적당한 크기로 잘라 볼에 넣고 중탕해서 실리콘 주걱 등으로 저어가며 녹여
 70℃정도로 데운다.

• 베이컨은 12등분으로 자른다. 파프리카는 6등분으로 자른다. 그린 아스파라거스는 뿌리
 쪽의 딱딱한 부분은 잘라내고 3등분으로 자른다. 모차렐라 치즈는 얇게 6등분으로 썬다.

• A는 일회용 위생봉지에 담고 흔들어서 골고루 섞어준다.

• 녹인 버터를 솔에 묻혀 틀에 꼼꼼하게 바른다.

• 반죽을 굽기 전에, 오븐에 팬을 넣고 220℃로 예열해 둔다.

만드는 법

1 볼에 그래뉴당과 소금을 넣고, A를 체에 내려 담는다. 거품기로 잘 섞어준다.

2 손가락으로 가루 한가운데에 구멍을 파고, 그 구멍에 달걀흰자를 살살 흘려 넣는다.
 거품기로 가루를 볼 중심에 끌어당긴다는 느낌으로 90회가량 빙글빙글 휘젓는다.
 가루가 보이지 않을 때까지 살살 섞어준다.

3 녹인 버터를 세 번에 걸쳐 나누어 넣는다. 버터를 넣을 때마다 30~40회(세 번째는
 60회가량) 살살 저어서 골고루 섞는다.

4 다진 마늘을 넣고 실리콘 주걱으로 골고루 섞는다.

5 실리콘 주걱으로 **4**까지 완료한 반죽을 틀의 80%까지만 채우고 틀을 바닥에 대고
 가볍게 쳐서 반죽을 평평하게 만든다.

6 예열한 오븐 팬에 신속하게 틀을 올리고, 200℃로 온도를 내려 13분가량 굽는다.
 손가락으로 눌렀을 때 적당한 탄력이 느껴지고, 바닥에도 짙은 갈색이 돌면 완성. 틀을
 가볍게 친 다음, 이쑤시개 등으로 피낭시에를 꺼내, 식힘망에 올려 식힌다.

7 오븐에 굽는 동안 다른 재료를 요리한다. 프라이팬에 올리브 오일을 두르고 베이컨을
 넣어 중불에서 볶는다. 베이컨에서 기름이 우러나면 파프리카와 아스파라거스를 넣고,
 먹음직스러운 갈색이 돌 때까지 굽는다. 마지막에 모차렐라 치즈를 넣고 살짝 열을
 가해 부드럽게 녹인다.

8 **6**에서 구워낸 피낭시에가 아직 따뜻할 동안에 모차렐라 치즈를 얹고 포크 등으로
 가볍게 눌러준다. 베이컨, 파프리카, 아스파라거스, 방울토마토를 얹고, 준비한
 통후춧가루를 뿌린다.

---

* 물에 담가 파는 동그란 덩어리 모양의 생(fresh)모차렐라 치즈를 사용해야 한다.

연어 피낭시에

Financiers salés au saumon fumé

재료(6개 분량)

무염 발효버터 45g
그래뉴당 5g
소금 1/4t

A

> 박력분 20g
> 아몬드파우더 30g
> 베이킹파우더 1/4t

달걀흰자 60g(중 2알 분량)
녹인 버터 적당량
훈제 연어 6조각
크림치즈(큐브) 2개 (약 35g)
양파 1/6개(35g)

B

> 소금·후추 약간씩
> 레몬즙 1/3t
> 올리브 오일 1/2t

다진 케이퍼 약간
딜* 적당량
통후추(핑크) 약간

미리 준비하기

- P.116 '**베이컨 & 구운 채소 피낭시에**'와 동일한 과정으로 준비한다. 크림치즈는 상온에 미리 꺼내 온도를 맞춘다. 발효버터는 냉장고에서 꺼내서 바로 사용한다. 다른 재료는 미리 손질할 필요가 없다.

- 찬물을 담은 큼직한 볼을 준비한다.

만드는 법

1 양파는 얇게 채 썰어 물에 담가 아린 맛을 제거하고, 물기를 제거한 다음 **B**와 함께 볼에 담아 골고루 버무린다.

2 태운 버터를 만든다. 발효버터를 적당한 크기로 잘라 냄비에 넣고, 실리콘 주걱으로 천천히 저어가며 약불로 데운다. 버터가 녹고 자잘한 거품이 일며, 갈색이 돌기 시작하면 불에서 내려, 찬물이 담긴 볼에 냄비 바닥을 걸쳐 식힌다. 고운체에 내려 35g을 계량하고, 그대로 70℃까지 식힌다.

3 P.116 '**베이컨 & 구운 채소 피낭시에**'의 1~6과 동일하게 진행한다. 다만 3에서 사용하는 녹인 버터 대신 **2**에서 만든 태운 버터를 사용한다. 4에서 다진 마늘은 생략한다.

4 스푼 등으로 **3**을 완료한 피낭시에 표면에 크림치즈를 펴 바르고, **1**, 훈제 연어 순서로 얹는다. 케이퍼와 적당한 크기로 자른 딜을 곁들이고, 있으면 준비한 통후추를 살짝 뿌려준다.

Note

- 훈제 연어와 크림치즈 조합은 언제나 옳다! 진리의 조합을 한 입에 넣을 수 있는 앙증맞은 크기로 우아하게 즐길 수 있다.

---

* 주로 서양식 생선요리에 곁들이는 허브의 일종으로, 비린내를 잡아주는 역할을 한다.

양파 & 커민 피낭시에

Financiers salés à l'oignon et au cumin

재료(6개 분량)
무염 발효버터 45g
그래뉴당 5g
소금 1/4t

A
박력분 20g
아몬드파우더 30g
베이킹파우더 1/4t

달걀흰자 60g(중 2알 분량)

양파 소테
얇게 채 썬 양파 70g
커민 1/2t
다진 마늘 약간
올리브 오일 약간

B
소금 약간
그래뉴당 약간
통후춧가루(블랙) 약간

치즈가루·커민·통후춧가루(블랙) 약간씩
녹인 버터 적당량

미리 준비하기

• 달걀흰자와 꿀은 상온(약 25℃)에 미리 꺼내둔다.

• 찬물을 담은 큼직한 볼을 준비한다.

• **A**는 일회용 위생봉지에 담고 흔들어서 골고루 섞어준다.

• 녹인 버터를 솔에 묻혀 틀에 꼼꼼하게 바른다.

• 반죽을 굽기 전에, 오븐에 팬을 넣고 220℃로 예열해 둔다.

만드는 법

1 양파 소테를 만든다. 프라이팬에 올리브 오일을 두르고 커민, 다진 마늘을 넣어 중불에서 볶아 향을 내고, 어느 정도 향이 우러나면 양파를 넣고, 양파가 숨이 죽어 낭창낭창해질 때까지 볶는다. **B**를 넣고 한차례 볶아낸 다음, 시트팬이나 넓은 접시에 옮겨 담아 그대로 식힌다.

2 태운 버터를 만든다. 발효버터를 적당한 크기로 잘라 냄비에 넣고, 실리콘 주걱으로 천천히 저어가며 약불로 데운다. 버터가 녹고 자잘한 거품이 일며, 갈색이 돌기 시작하면 불에서 내려, 찬물이 담긴 볼에 냄비 바닥을 걸쳐 식힌다. 고운체에 내려 35g을 계량하고, 그대로 70℃까지 식힌다.

3 볼에 그래뉴당과 소금을 담고 **A**를 체에 내려가며 더하고, 거품기로 잘 섞는다.

4 손가락으로 가루 한가운데에 구멍을 파고, 그 구멍에 달걀흰자를 살살 흘려 넣는다. 거품기로 가루를 볼 중심에 끌어당긴다는 느낌으로 90회가량 빙글빙글 휘젓는다. 가루가 보이지 않을 때까지 살살 섞어준다.

5 태운 버터를 세 번에 걸쳐 나누어 넣는다. 버터를 넣을 때마다 30~40회(세 번째는 60회가량) 살살 저어서 골고루 섞는다. 반죽을 떨어뜨렸을 때 쌓였다가 바로 사라지는 정도가 되면 OK.

6 실리콘 주걱으로 골고루 섞어준다.

7 실리콘 주걱으로 **6**까지 완료한 반죽을 틀의 80%까지만 채우고 틀을 바닥에 대고 가볍게 쳐서 반죽을 평평하게 만든 다음, 양파 소테를 얹고, 치즈가루와 커민, 후춧가루를 뿌린다.

8 예열한 오븐 팬에 신속하게 틀을 올리고, 200℃로 온도를 내려 13분가량 굽는다. 손가락으로 눌렀을 때 적당한 탄력이 느껴지고, 바닥에도 짙은 갈색이 돌면 완성. 틀을 가볍게 친 다음, 이쑤시개 등으로 피낭시에를 꺼내, 식힘망에 올려 식힌다.

단호박 & 옥수수 피낭시에

Financiers salés au potiron et maïs

재료(6개 분량)

무염 발효버터 45g
그래뉴당 5g
소금 1/4t

A

- 박력분 20g
- 아몬드파우더 30g
- 베이킹파우더 1/4t

달걀흰자 60g(중 2알 분량)

단호박 소테

- 단호박 50g
- 옥수수 통조림 30g
- 올리브 오일 약간
- **B**
  - 꿀 1/3t
  - 소금 약간
  - 통후춧가루(블랙) 약간

치즈가루 약간
통후춧가루(블랙) 약간
녹인 버터 적당량

미리 준비하기

- P.118 **'양파 & 커민 피낭시에'**와 동일하게 준비한다.
- 단호박은 5㎜ 두께로 얄팍하게 썬다.

만드는 법

1 단호박 소테를 만든다. 프라이팬에 올리브 오일을 두르고 중불로 가열한다. 기름이 달구어지면 단호박과 옥수수를 넣고 익을 때까지 볶는다. **B**를 넣고 같이 볶다가 시트팬이나 넓은 접시에 옮겨 담아 식힌다.

2 P.118 **'양파 & 커민 피낭시에'**의 2~8과 동일하게 만든다. 다만 7에서 양파 소테 대신 단호박 소테를 얹고, 치즈가루와 통후춧가루를 뿌린다. 커민은 넣지 않는다.

Note

- 따뜻한 김을 모락모락 풍기는 달달한 단호박과 옥수수의 식감이 절묘하게 어우러진다. 통후춧가루를 넉넉하게 뿌리면 와인과도 잘 어울린다.
- 단호박 대신 감자로 만들어도 맛있다.

제노베제 피낭시에

라타투이 피낭시에

제노베제 피낭시에

Financiers salés au pesto

재료(6개 분량)

무염 발효버터 35g
그래뉴당 5g
소금 1/4t

A
┌ 박력분 20g
│ 아몬드파우더 30g
└ 베이킹파우더 1/4t

달걀흰자 60g(중 2알 분량)
다진 마늘 약간

B
┌ 바질 잎 8장
└ 올리브 오일 1T

녹인 버터 적당량
생햄* 3장
방울토마토 3개
바질 잎 적당량
치즈가루 약간
통후춧가루(레드 또는 블랙) 약간

ⓐ

미리 준비하기

• 달걀흰자와 꿀은 상온(약 25℃)에 미리 꺼내둔다.

• 발효버터를 적당한 크기로 잘라 볼에 넣고 중탕해서 실리콘 주걱 등으로 저어가며 녹여 70℃정도로 데운다.

• **A**는 일회용 위생봉지에 담고 흔들어서 골고루 섞어준다.

• **B**는 바질 잎을 곱게 다져, 올리브 오일에 버무려 둔다.

• 녹인 버터를 솔에 묻혀 틀에 꼼꼼하게 바른다.

• 반죽을 굽기 전에, 오븐에 팬을 넣고 220℃로 예열해 둔다.

만드는 법

1 볼에 그래뉴당과 소금을 담고, **A**를 체에 내려 더하고 거품기로 섞는다.

2 손가락으로 가루 한가운데에 구멍을 파고, 그 구멍에 달걀흰자를 살살 흘려 넣는다. 거품기로 가루를 볼 중심에 끌어당긴다는 느낌으로 90회가량 빙글빙글 휘젓는다. 가루가 보이지 않을 때까지 살살 섞어준다.

3 녹인 버터를 세 번에 걸쳐 나누어 넣는다. 버터를 넣을 때마다 30~40회(세 번째는 60회가량) 살살 저어서 골고루 섞는다.

4 다진 마늘을 넣고 실리콘 주걱으로 골고루 섞어준다.

5 실리콘 주걱으로 **4**까지 완료한 반죽을 틀의 80%까지만 채우고 틀을 바닥에 대고 가볍게 쳐서 반죽을 평평하게 만든 다음, 표면에 **B**를 얹는다ⓐ.

6 예열한 오븐 팬에 신속하게 틀을 올리고, 200℃로 온도를 내려 13분가량 굽는다. 손가락으로 눌렀을 때 적당한 탄력이 느껴지고, 바닥에도 짙은 갈색이 돌면 완성. 틀을 가볍게 친 다음, 이쑤시개 등으로 피낭시에를 꺼내, 식힘망에 올려 식힌다.

7 **6**에서 구워낸 피낭시에 위에 반으로 자른 생햄, 세로로 반으로 자른 방울토마토, 바질 잎을 얹고, 치즈가루와 통후춧가루를 뿌린다.

---

* 이탈리아산 프로슈토, 스페인산 이베리코 하몽, 국산 지리산 생햄 등 취향에 맞는 제품을 사용한다.

라타투이 피낭시에

Financiers salés aux légumes sans pâte

재료(6개 분량)

무염 발효버터 35g
그래뉴당 5g
소금 1/4t

A
  박력분 20g
  아몬드파우더 30g
  베이킹파우더 1/4t
달걀 흰자 60g(중 2알 분량)

라타투이
  주키니* 7cm
  가지 7cm
  토마토 페이스트 1T
  그래뉴당 1/2t
  타임 2줄기
  로즈마리 1줄기
  다진 마늘 약간
  올리브 오일 1T
  소금·통후춧가루(블랙) 약간씩

녹인 버터 적당량

미리 준비하기

• P.121 '**제노베제 피낭시에**'와 동일하게 준비한다. 다만 발효버터는 냉장고에서 꺼내서 바로 사용한다. **B**는 생략한다.

• 찬물을 담은 큼직한 볼을 준비한다.

• 라타투유에 사용하는 주키니와 가지는 5mm 두께로 깍둑썰기 한다.

만드는 법

1 라타투이를 만든다. 프라이팬에 올리브 오일을 두르고 타임, 로즈마리, 다진 마늘을 넣어 약불로 가열한다. 향이 우러나면 중불로 올리고, 주키니와 가지를 넣고 전체적으로 기름이 돌 때까지 볶는다. 토마토 페이스트와 그래뉴당을 넣어 부드러워질 때까지 익히고, 소금과 후추를 뿌려 간을 맞춘 다음, 시트팬이나 넓은 접시에 옮겨 담아 식힌다.

2 태운 버터를 만든다. 발효버터를 적당한 크기로 잘라 냄비에 넣고, 실리콘 주걱으로 천천히 저어가며 약불로 데운다. 버터가 녹고 자잘한 거품이 일며, 갈색이 돌기 시작하면 불에서 내려, 찬물이 담긴 볼에 냄비 바닥을 걸쳐 식힌다. 고운체에 내려 35g을 계량하고, 그대로 70℃까지 식힌다.

3 볼에 그래뉴당과 소금을 담고 **A**를 체에 내려가며 더하고, 거품기로 잘 섞는다.

4 P.121 '**제노베제 피낭시에**'의 2~6과 동일한 과정으로 만든다. 다만 3에서 녹인 버터 대신 **2**에서 만든 태운 버터를 사용한다. 4에서 넣는 다진 마늘은 생략한다. 5에서는 B 대신 **1**에서 만든 라타투이를 얹는다.

5 4까지 완료한 피낭시에 위에 타임과 로즈마리를 각각 적당량(분량 외) 올린다.

Note

• 프랑스 전통 가정요리인 라타투이를 활용한 피낭시에는 홈 파티에서 입맛을 돋우고 허기를 달래는 전채요리로 제격이다.

• 라타투이에는 셀러리와 파프리카 등의 다채로운 채소를 활용할 수 있다.

---

* 애호박보다 색이 진하고 크기가 크며 익혔을 때 조금 더 아삭거리는 식감을 낼 수 있다.

Madeleines

et

Financiers

ORIGINAL STAFF

베이킹 어시스턴트 : KINOSHITA JUNKO／FUTAMI YASUKO／TAKAISHI NORIKO
촬영 : MIKI MANA
스타일링 : MAGARIDA YUKO
일러스트 : SAEKI YUKO
디자인 : MIKAMI SHOKO(Vaa)
글 : SHUTO NAHO
편집 : ODA SHINICHI

실패하지 않는 럭셔리 홈베이킹 디저트

마들렌·피낭시에

초판 1쇄 2013년 11월 11일
초판 12쇄 2021년 12월 20일

지은이 | 쇼모토 사치코
옮긴이 | 서수지

펴낸이 | 서인석
펴낸곳 | ㈜제우미디어
출판등록 | 제 3-429
등록일자 | 1992년 8월 17일
주소 | 서울시 마포구 독막로 76-1 한주빌딩 5층
전화 | 02-3142-6845
팩스 | 02-3142-0075
홈페이지 | www.jeumedia.com

ISBN 978-89-5952-601-7

값은 뒤표지에 있습니다.
파본은 구입하신 서점에서 교환해 드립니다.

| 만든 사람들 |
출판사업부총괄 | 손대현
편집장 | 전태준
기획편집 | 장윤선
기획팀 | 홍지영, 이경인, 박건우, 안재욱, 조병준
영업 | 김영욱, 박임혜
제작 | 김금남
디자인 | 디자인그룹올
인쇄 · 제본 | ㈜신우디피케이, 정민제본